科普总动员

U0229820

网络传播信息，引领时代潮流。让我们一起来解读瞬息万变的网络先锋吧！

瞬息万变的

编著：费菲

网络学科是一门相对年轻的学科
具有浓厚的时代性

网络 先锋

山西出版传媒集团
山西经济出版社

图书在版编目(CIP)数据

瞬息万变的网络先锋 / 费菲编著. — 太原：山西
经济出版社, 2017.1（2021.5重印）
ISBN 978-7-5577-0141-3

Ⅰ.①瞬… Ⅱ.①费… Ⅲ.①计算机网络—青少年读
物 Ⅳ.①TP393-49

中国版本图书馆CIP数据核字（2017）第009773号

瞬息万变的网络先锋

SHUNXI WANBIAN DE WANGLUO XIANFENG

编　　著：费　菲
出版策划：吕应征
责任编辑：申卓敏
装帧设计：蔚蓝风行

出 版 者：山西出版传媒集团·山西经济出版社
社　　址：太原市建设南路 21 号
邮　　编：030012
电　　话：0351-4922133（发行中心）
　　　　　0351-4922085（总编室）
E-mail：scb@sxjjcb.com（市场部）
　　　　　zbs@sxjjcb.com（总编室）
网　　址：www.sxjjcb.com

经 销 者：山西出版传媒集团·山西经济出版社
承 印 者：永清县晔盛亚胶印有限公司

开　　本：787mm×1092mm　　1/16
印　　张：10
字　　数：150千字
版　　次：2017 年 1 月　第 1 版
印　　次：2021 年 5 月　第 2 次印刷
书　　号：ISBN 978-7-5577-0141-3
定　　价：29.80 元

前言 ■瞬息万变的网络先锋

辽阔无垠的山川大地，苍茫无际的宇宙星空，人类生活在一个充满神奇变化的大千世界中。异彩纷呈的自然科学现象，古往今来曾引发无数人的惊诧和探索，它们不仅是科学家研究的课题，更是青少年渴望了解的知识。通过了解这些知识，可开阔视野，激发探索自然科学的兴趣。

本书介绍了网络学科的相关知识，分"网络现象大观""网络学科展望""网络发展探寻"3个篇章，呈现了一个千奇百怪的网络世界。全书图文并茂、通俗易懂，并以简洁、鲜明、风趣的标题引发青少年的阅读兴趣。

与其他学科相比，网络学科是一门相对年轻的学科，具有时代性、复杂性、科技性等特点。对于网络产品的用途、功能、操作等内容比较时尚、新颖一些；而涉及网络原理、程序等内容就比较枯燥，所以本书在编写时尽量多考虑其趣味性、时代性，把握时代的脉搏，把最新的网络知识、技术和前沿的观念呈现出来，只用少量篇幅介绍网络原理，以此增强本书的可读性和实用性。

网络学科是面向网络领域的一门学科。网络学科又称网络传播技术学，是现代兴起的学科。其主要研究领域是通过计算机的软件和硬件使用，更好地实现信息的传播、接收、共享。网络的发展，带来了一系列的变革，引发了信息领域一次又一次的革命，对人类科技进程产生了巨大的影响。21世纪的今天，网络科技被运用到了各个领域，渗透到了各个角落，很难想象，如果没有网络，我们的生活会是什么样子。1945年世界上第一台计算机发明后，网络走出了发展的第一步，1973年第四代计算机的出现，奠定了网络科技的基础，从此，网络走入了千家万户，已经成为人类最重要的生活和工作的工具。

网络学科的发展并不顺利，而是经过许多前人的努力一路披荆斩棘才取得如今的辉煌成就的。20世纪网络学科刚刚兴起的时候，举步维艰，困难重重，几乎所有人都认为网络不会给我们带来什么。随着时代的发展，全球经济一体化的趋势越来越明显,人们之间的沟通也显得重要起来,终于网络迎来了它的时代……网络学科以突飞猛进、日新月异的速度向前发展,各种网络产品、网络工具、网络衍生物层出不穷,以一种厚积薄发的力量影响着整个世界。

人类只有在永恒的探索和追求中才能进步,对于网络科技而言,只有创新,才能向前发展。目前网络技术正处于蓬勃发展的态势,3G、4G 网络技术的发展让人们进入了一个前所未有的通信时代;网络办公、网络会议使人们工作更加方便、多元化;网络交友、网络游戏、网络图书馆极大地丰富了人们的精神生活,打破了传统娱乐方式,开创了休闲娱乐新局面。但我们也要客观地看到,网络科技的不足之处,网络犯罪、网络暴力、网络诈骗等几乎是与网络同时出现的。

随着时代的发展,网络学科将会更加成熟,相信网络科技会让我们的生活变得更加丰富多彩。

目录 ■瞬息万变的网络先锋

网络现象大观

□瞬息万变的网络先锋

第 1 章

网络歌曲

科普档案　●名称:网络歌曲　　　●特点:通过互联网传播,可在线收听

网络歌曲是近几年来伴随着 mp3、flash 的产生而出现的新的音乐形式,可以在线收听和下载。广义的网络歌曲内容和方式是多种多样的,在现实生活中各种媒体传播的各种类型的歌曲,在网上都可以找到。

网络流行歌曲是近几年来伴随着 mp3、flash 的产生而出现的新的音乐形式,广义的网络歌曲是指各种媒体传播的各种类型的歌曲,这些歌曲在网上都可以找到,可以在线收听和下载。狭义的网络歌曲是一种由网络歌手原创的,借助 mp3、flash 的制作技术,在网络上流传的歌曲,往往反映青年人的生活、思想,并具有幽默、调侃、讽刺的意味。

其实歌曲并没有网上网下之分,网络歌曲本身并不是一个单独的歌曲形式,它只是做歌曲的方法有些不太一样。网络歌曲主要分为三大类,原创、翻唱、改唱。当前,网络歌曲受到社会的关注度越来越高,这已成为近年来流行音乐的一大特点,甚至是一大闪光点。可以说,互联网络的普及和发展为音乐的发展提供了新的条件,网络歌曲也为流行音乐注入了新的活力。

在当今工业化的文化变迁中,人们也更加注重自身情感要求的满足,网络歌曲体现的就是非主流社会意识形态,把个人的感觉作为评判标准,追求即兴创作和自我娱乐的实现。

网络歌曲的第一次走红是在 2005 年,由三位平民歌手创作演唱的歌曲——杨臣刚的《老鼠爱大米》,庞龙的《两只蝴蝶》和唐磊的《丁香花》红遍网络,打响网络歌曲第一枪,接着不断有新的作品和歌手涌现出来。

网络歌曲有诸多特点:①网络原创。歌曲从诞生到广为流传都是凭借

网络这一媒体。网络歌曲制作门槛低，不需要电台的宣传，也不需要唱片公司的包装，没有太多的商业因素，只要有台电脑和音乐编辑软件，就可制作网络歌曲。②内容区别于传统歌曲，都反映普通民众的真实生活，真正地走进了人们的内心世界。抒发自我的真实感受，旋律简单，朗朗上口。③网络歌曲的最大特征就是内容和形式上的幽默，特别容易引起网民的共鸣。从简单、明快的曲调和浅显动人的歌词中，人们获得了最充分的轻松与享受。④批判性比较强，有一些网络歌曲饱含青年人对现实的思考与批判，尤其以80、90后为代表。

网络音乐的出现并快速流行，主要在于互联网络为音乐的创作、传播和欣赏提供了新的平台，拓展了新的空间，带来了新的优势。在音乐的创作中互联网络具有声音、文字、图像立体传输的特点，广大音乐爱好者和民间音乐人可以直接在网上创作，不受传统出版和传播方式的影响，也不用受太多的束缚，很容易就能表达个人的情绪，更能引起普通听众的欢迎，能在较短时间内流行起来。

在音乐的传播上，网络歌曲传播更是简单、快捷，而且不需要多少成本，歌曲内容也没有编辑人员审定。在音乐的欣赏上，可以利用网络的互动性、交流性，以网络立体声语音聊天室的方式，进行互动、开放式的网上娱乐活动。

网络的便捷性加速了网络歌曲的传播。一位圈内人士表示，网络歌手的走红，很大程度上是沾了网络方便快捷的光。而且下载这些歌

□网络歌曲《老鼠爱大米》

□网络歌曲是时代的产物

曲通常都是免费的,如果把这些歌曲制作成专辑卖,听众可能就不愿意接受。由于社会生活节奏越来越快,歌曲已经不仅仅是用来欣赏的,还可以用来娱乐和休闲,只要做到通俗易懂就行了。

网络化给人们带来了快捷并影响着每一个人的生活。在工业化文明秩序里,大多数人过着模式化的生活,激烈的竞争和生活压力,导致人们精神乏味,越来越需要一种精神的调节。在这种背景下,网络歌曲的出现,使人们在现实与虚拟的空间中找到充满趣味的快感、充满希望和温情的感觉,为人们提供宣泄情绪、放松心情的处所。

网络歌曲也是流行音乐的一部分,它是时代发展的产物。网络音乐的流行与传播,对音乐事业的发展有着不可估量的影响:

1.随着网络的普及和技术水平的提高,互联网络对音乐的影响力与日俱增,互联网与音乐的结合更加紧密,我们应该利用互联网络这一新科技手段为音乐事业的发展服务,努力开拓音乐事业的新领域和新境界。不论目前网络音乐的艺术水准如何,音乐界都应该重视互联网这一重要平台,自觉地利用这一平台来促进音乐艺术的繁荣和发展,而不应该排斥这一现象。

2.音乐创作必须坚持贴近实际、贴近生活。网络歌曲的大发展再次证明了这一方向的正确性,音乐只有反映真实的社会生活,反映人们的真实情感,贴近人们的真正生活,才能在社会上产生共鸣,才能受到人们的欢迎和喜爱,才能很快在社会上流行起来。目前流行起来的网络歌曲有一个共同特点就是生活化,旋律简单,通俗易懂,歌词口语大众化,甚至有的还使用方言,生动形象地反映了年轻人的精神世界,因而也就受到了年轻人的广泛喜爱。

3.音乐艺术的生命在于不断创新。因为创新来源于突破传统、突破陈旧的形式而不断变化。网络歌曲流行说明音乐艺术的生命在于不断创新,只有不断创新,我们的音乐艺术之树才能充满新的生机与活力。网络歌曲的艺术风格与以往流行歌曲的差别在于:它适应了当前的社会生活,摆脱了说教、沉重、封闭、崇拜的旧模式,开始走向快捷、世俗、开放、休闲的新模式。网络时代的到来,使人们的生活和娱乐方式受到了深刻影响,社会也需要有与之相适应的音乐艺术形式。音乐只有不断创新,做到与时代的需要合拍,才能有新的发展。

虽然网络音乐还处于发展阶段,但其发展趋势是不可阻挡的。随着网络技术的发展和网络普及率的提高,网络对音乐的影响会越来越大,音乐也会因网络的发展更加大众化、生活化。

📘 知识链接

网络歌曲的社会形式

1.出现了全社会关注的网络曲目和网络歌手。像最早的《老鼠爱大米》成了网络歌曲的代名词,受到广大青少年的广泛喜爱,网络歌手杨臣刚成了青少年的偶像。

2.网络歌曲从互联网这个虚拟的世界走向了现实的社会。杨臣刚在中央电视台2005年春节联欢晚会上演唱了《老鼠爱大米》。

3.出现了网络歌曲赛事。新浪网从2004年开始专门举办中国网络通俗歌手大赛,这足见网络歌曲的影响力。

网络小说

科普档案 ●名称:网络小说　　●特点:风格自由、文体不限、阅读自由

网络小说是一种新兴的小说体裁，随着网络的快速发展而出现并借助网络为基础平台，由网络作者发表供他人阅读。其特点为风格自由、文体不限、发表阅读方式较为简单，类型以玄幻和言情居多。

网络小说是网络文学的主要形式，目前网络小说规模最大。网络小说是指在网络上利用 BBS、Web 等界面连载发表或即时发表的小说，它与一般的小说比起来，语言更近口语，甚至大量使用网络流行语。另外，除了文字内容，排版也有新的变化，比如利用符号图案等。发表原创诗歌、小说、漫画、歌曲、影视等网络作品的称之为网络作者。

广义上的网络小说包含所有在网络上发布和流传的小说，但从狭义层次上说，主要是指由网络写手首次在网上发布创作，进而流传的小说形式。

在中国网络发展最快的时期，几乎没有好的小说出现，因为当时网络小说的网站对小说的原创并没有过多关注，随着几大原创小说联盟的逐渐出现发展，才使得网络小说有了生存之地。网络时代中的人们对阅读娱乐的需要和追求正在转变，又有商业公司的推动，于是网络小说的蓬勃发展已是必然。目前中国网络小说的数量庞大，正在逐步成为中国第一的小说群。

网络小说与一般的小说形式有些不同，它文体比较宽松，内容包含广泛。

玄幻:变身情缘、东方玄幻、王朝争霸、异世大陆、异术超能、远古神话、转世重生。

奇幻:西方奇幻、魔法校园、异类兽族、领主贵族。

武侠:传统武侠、历史武侠、浪子异侠、谐趣武侠、快意江湖。

仙侠:现代修真、洪荒小说、古典仙侠、奇幻修真、远古神话。

都市:都市生活、恩怨情仇、青春校园、都市异能、都市重生、合租情缘、娱乐明星、谍战特工、爱情婚姻、乡土小说、国术武技。

言情:冒险推理、纯爱唯美、品味人生、爱在职场、浪漫言情、千千心结。

历史:架空历史、历史传记、穿越古代、外国历史。

军事:战争幻想、特种军旅、现代战争、穿越战争。

游戏:虚拟网游、游戏生涯、电子竞技、游戏异界。

体育:弈林生涯、篮球运动、足球运动、网球运动。

科幻:机器时代、科幻世界、黑客时空、数字生命、星际战争、古武机甲时空穿梭。

灵异:推理侦探、恐怖惊悚、灵异神怪、悬疑探险。

虽然网络小说发展势头迅猛,市场也十分喜人,但有的作家认为现在的网络小说大都情节冗长,很大一部分情节不符合常理逻辑,口水话多,结构枝枝蔓蔓,内容有时相互矛盾,是对文学的一种玷污。

造成这些弊病主要是因为网络小说的写作成本太低,从读者到作者很容易,很多缺少文化修为的人大量拥入,而且网络小说是以字数多少为赢利标准,导致作者重量不重质,再加上作品大都是即时更新,而不是先写好再发表,作者一般每天至少写几千字,这样很难出经典。

网络小说越来越热,使许多网友都加入写作行列。其实写小说并不容易,要耗费大量的精力,只靠热情远远不够,还要具备忍受打击的能力、规划力和过硬的文笔,网络小说对于文笔的要求的确不如传统小说那么严格,即便如此

也不是人人都可以胜任，必须要有基本的文学素养。

写网络小说之前，首先就是要设定好世界观。你所写的故事虽然是虚幻的，但人物的普遍价值观是不变的。确定了世界观之后，就是人物，包括男主角、女主角人物设定，之后是故事走向的确立与矛盾发展方向的确定，由于当代网络小说的篇幅都很长，所以没有必要先做一个完整的大纲，但是故事走向与故事矛盾却必须要先想好，动笔之前要有一个全局的打算，不然的话，最后很难写下去。要注意矛盾是推动故事发展的根本，没有矛盾，故事也就没有了存在的意义，每一个人物大概都要经历几个阶段，每个阶段所要面临的主要矛盾是什么，这都是要在动笔之前就想好的。

随着网络小说的飞速发展，读者对网络作品的要求也愈来愈严格，慢慢地，一些水平较低的小说渐渐会退出读者的视线，取而代之的是更新稳定、文笔优良、感情真挚的作品。通过欣赏这些作品也会发现很多亮点，受到很多启发，对读者的人生观产生一定影响。

📘知识链接

网络小说的发展现象

2001 年，著名网络小说家"今何在"出版了《悟空传》，这是一部具有划时代意义的网络小说，引发了人们对网络小说的关注兴趣。

随后，商家进入网络小说市场后，网络小说逐渐开始向商业化发展，出现了起点中文网，17K 文学网等许多知名网络小说商业网站，同时也涌现出一大批有才华的作家。

也有许多有思想的作者，比如酒徒，其所作小说《明》《家园》表达了作者对历史的思考以及对现实的批判，是真正的网络作品。

网络游戏

科普档案　●名称:网络游戏　　●定义:基于互联网的一种具有互动性的游戏

网络游戏,简称网游,不同于传统单机游戏,它是通过互联网连接来进行的多人互动游戏,其开辟了一条新的游戏道路,把社会性协作引入了游戏中,除了单纯的休闲娱乐,还体现了个体之间的互动交流性。

网络游戏,英文为 Online Game,又称"在线游戏"。指以互联网为媒介依托,以游戏运营商服务器和用户计算机为处理终端,以游戏客户端软件为互动平台,来实现人们娱乐、休闲、交流和成就感的在线游戏。这种游戏具有强烈的持续性和时间性。

网络游戏不同于传统的单机游戏,玩家必须通过互联网连接来进行游戏。在这种游戏里,玩家可以对游戏中人物角色进行自由的选择设置,按照一定的场景和规则通过多人配合的方式达到娱乐的目的。其游戏的实质是通过互联网平台,来进行人脑之间的竞争。

传统的单机游戏模式多为人机对战,也就是人脑与电脑间的竞争。所以玩家与玩家互动性差了很多,娱乐的效果也大打折扣。

网络游戏目前的使用形式可以分为以下两种:

1.浏览器形式。就是我们通常说到的网页游戏,又称为 WEB GAME,它不需要下载客户端,只需要有互联网就可以使用,尤其适合上班族。其类型也非常丰富,有角色扮演、战争策略、休闲竞技等。

2.客户端形式。这一种类型是由公司所架设的服务器来提供游戏,现在称之为网络游戏的大都属于客户端形式。这类游戏更方便于玩家把游戏资讯记录在服务器。

目前网络游戏有很多种:

1.休闲网络游戏：即登录网络服务商提供的游戏平台后（网页或程序），进行双人或多人对弈的网络游戏。

2.网络对战类游戏：即玩家通过安装市场上销售的支持局域网对战功能游戏，通过网络中间服务器，实现对战，如 CS、星际争霸、魔兽争霸等，主要的网络平台有盛大、腾讯、浩方等。

3.角色扮演类大型网上游戏：即 RPG 类，通过扮演某一角色，通过任务的执行，使其提升等级，如大话西游、传奇等，提供此类平台的主要有盛大等。

4.功能性网游：即非网游类公司发起借由网游的形式来实现特定功能的功能性网游。

网络游戏的发展伴随着互联网的发展而不断创新。第一代网络游戏起止时间为 1969 年至 1977 年。由于当时的计算机硬件和软件没有统一的标准，因此第一代网络游戏的平台、操作系统和语言杂乱不同，而且游戏也没有持续性，游戏信息无法保存在电脑里。第二代网络游戏起止时间为 1978 年至 1995 年。网络游戏出现了"可持续性"的概念，游戏的信息和咨询可以保存下来。第三代网络游戏起止时间为 1996 年到 2006 年。这段时期经过人们认真思考，归纳出一套网络游戏的设计方法和经营方法，接着"大型网络游戏"（MMOG）的概念产生了，网络游戏直接接入互联网，不再依托于单一的服务商和服务平台。而第四代网络游戏是指 2008 年至今的游戏。随着网络时代不断变迁和网络玩家的需求不断高涨，第四代网络游戏产生了，第四代游戏体现了游戏的最高级别。

网络游戏产业是一个新兴的朝阳产业，中国网络游戏经历了 20 世纪末的初期形成阶段，以及近几年的快速发展，无论在游戏产品数量上，还是用户规模上，都有了很大发展。现在中国的网络游戏产业处于成长期，并快速走向成熟期。目前网络游戏产业已经发展成了中国网络经济的重要组成部分。2007 年中国网络游戏用户达到 4800 万，环比增长 17.1%。2007 年中国网络游戏市场规模为 128 亿元，同比增长 66.7%。用户增长一方面来自休闲游戏用户的增加，另一方面来自各游戏厂商对二三线城市的市场开发。

2007 年中国网络游戏实际销售收入为 105.7 亿元人民币,其中,中国自主研发的网络游戏市场销售收入达 68.8 亿元, 占网络游戏市场销售收入的 65.1%。在 76 款新投入中国网络游戏市场公测的网络游戏中,中国自主研发的网络游戏就达 53 款,占全部网络游戏的 69.7%。所以说,我国自主研发的网络游戏已经成为国内网络产业经济的基础。

目前中国网络游戏产业已经处在一个稳定发展的成熟阶段。从整体来看,中国网络游戏产业的发展是比较统一和协调的,并且逐渐形成了完整的网络游戏产业链,处于产业链上的渠道销售商、上网服务业(网吧等)和资源媒体等,也正在飞速发展。

网络游戏的诞生让人类的生活更丰富,也促进了全球人类社会的进步。同时也丰富了人类的精神世界,让人类的生活品质更高,让人类的生活更快乐。

网络游戏作为互联网行业的新型经济支柱,在创造经济效益方面固然可喜,可是在对青少年世界观、人生观、价值观引导方面也的确存在许多问题。像当前有一些网络游戏,在市场宣传中,或者游戏页面中炒作艳照门等,给青少年带来了不良的影响。针对这种现象,我国新闻出版广电总局等八部门联合印发《关于启动网络游戏防沉迷实名验证工作的通知》,于 2011 年 10 月 1 日起在全国范围内正式实施网络游戏防沉迷实名验证。按照规定,网游厂商应该按照流程及时报送需验证的用户身份信息,并且要严格将"提供虚假身份信息"的玩家用户纳入网络游戏防沉迷系统,防沉迷系统,全称网络游戏防沉迷系统。是中国有关部门于 2005 年提出的一种技术手段,用于解决未成年人沉迷网络游戏的问题,设在该系统的游戏服务器中,未成年玩家如游玩时间超过 3 个小时的健康时间,游戏将会提出警示,并通过收益减半、经验值减半等方式促使玩家下线休息。

文化部文化市场司有关负责人表示,网络游戏作为文化产品,网络游戏行业要想真正做到可持续发展,就要让网络游戏本身有健康的内容、正确的价值取向,同时,企业也要进行规范的经营活动。有业界专家也表示,网络游戏选用不雅照或视频女主角参与游戏代言或游戏宣传活动,达到其轰动性的宣传效果,这将促使社会对网络游戏行业反感,造成了人们对于网络游戏行业的不良印象。所以说网络游戏企业应当在创造经济效益的同时,也要保护未成年人的利益,规范自身的市场经营行为,为网络游戏用户提供健康、绿色的网络游戏产品和服务。

🔖**知识链接**

网络游戏与青少年

网络游戏出现后,便产生了一系列社会热点话题。这些话题大部分集中在网络游戏对青少年造成的影响上。青少年如果过度沉迷于网络虚拟世界,就会渐渐脱离现实社会,对树立正确的社会观、人生观、价值观产生不良后果。所以,网游厂商应该开发有利于青少年成长的网络游戏,避免恐怖、血腥、凶杀题材的游戏进入青少年的视线,让青少年在一个良好的游戏环境中健康成长。

网络广播

科普档案 ● 名称：网络广播　　●特点：数字化、智能化、交互式广播

　　网络广播是网络传播多媒体形态的重要体现，也是广播电视媒体网上发展的重要体现。主要依赖于网络这个载体来进行节目的传播，同时也制约于网络的速度和带宽，有一定的局限性。

　　网络广播是相对于传统广播而言的，网络广播和传统广播并不对立，相反，网络广播是传统广播功能的进一步补充，甚至有时候能起到使节目更加完善的作用。

　　目前好的网络广播有：一听音乐电台，中国同志之声，中国公益之声，青檬音乐台，中国游戏之声，萤火虫电台，银河台等。

　　网络广播相比于传统广播，具有以下优点：

　　网络广播从节目的制作到传输全部实现了数字化、网络化模式，系统信噪比高，不会在处理、传输等环节产生噪声，很容易就能得到比较好的音质，甚至可以进行立体声传输。

　　可以实现智能广播，在互联网上通过软件可轻而易举地实现智能广播的定时、寻址、分组等功能。

　　在网速较快并且流畅的前提下，可实现多路广播。因为音频文件是以数据包的方式在网络中传输，所以很容易实现多路广播，把不同的数据包发送给不同的终端就可以了。

　　实现交互方式广播。可以通过控制主机监测到每一个终端的工作状态，并进行控制，终端也可通过液晶显示屏与服务器对话，从服务器直接点播，大大地方便了学习。

　　由于网络广播依靠网络，所以也有一些弊端：

容易受网络带宽和网速的限制，所以网络广播的可靠性很难保证。比如校园网是一个综合性的公共网络，对于学校来讲，还会经常用于教务管理、多媒体教学、电子图书馆、远程教学等，由于以太网用的是码分多址技术，一旦网速不流畅，会影响整个

□网络广播系统

传播路径，广播终端的播音就会发生延时，严重时会发生断续，所以不是很可靠。

价格昂贵。网络广播需要用 PC+专用软件，或专用解压芯片来解压数字音频文件，必须要求每个终端都有自己的 IP 地址。当前国内没有专业的芯片级开发商，要想解压文件，只能用嵌入式微机+专用解压芯片来解码，所以导致成本较高。

提到网络广播，不得不提网络电台，如果说网络广播是一个传播工具，那么网络电台就是一个传播源。网络电台就是在网络上搭建的电台。网络电台把传统意义上的电台搬到了网上，不需要又重又大的编录设备，只要一台轻便的电脑，收听电台不用收音机，只要操作电脑即可收听网络电台。网络电台通过编码器，将电脑里面的音频或视频数据转换成为可以在 Internet 上直接传送的格式，而用户登录到电台的网站时，可以下载到经过编码的音频信息，再通过如 Realplay 或 Winamp 等相关软件将音频信息转换成声音播放出来。

与传统电台比较，网络电台具有更大的优势：

一是迅捷性、无限性。网络电台比起传统电台信息量更大，这些信息通过结构分类，应用性会更强，这是传统电台没法比的。而且，网络电台实时报道的能力远远超过传统的媒体，它的传播优势，是其他传播媒介无法比

的。这主要是依靠流媒体技术的发展,而网络技术的发展则是流媒体出现的前提条件。例如美国在线,每天登录浏览美国在线的人,比全美国11家最著名报纸的读者加起来的总数还多,而在黄金时间,美国在线的读者甚至和 CNN 或者 MTV 的人数是一样的。

二是交互性和个性化。网络电台是传播者与收听者双向互动式的一种传播。用户在互联网上可以有更多的自主权,通过电台可以自己控制选择在任何时候、以任何方式来获得信息,得到信息后还可以随时对此信息做出评价和反馈。

总之,网络广播以其独特的魅力和强大的功能,在我们生活中发挥着重要的作用。

📙知识链接

网络 NJ

网络 NJ 译成中文就是网络直播节目主持,指为网友们做现场网络直播的业余职业。网络电台的 NJ 多数是20 岁上下、经常与互联网有亲密接触的年轻人。他们有的还是学生,有的已经步入社会。网络电台相对传统电台来说,有了更大的自由度。节目主题,怎样做节目,由NJ 自己把握。

网络 NJ 一般集采、编、播于一体。在网络上无地域局限性地向全球推出直播节目。流行的音乐、轻松自由的主持风格和深刻的感动是 NJ 们最大的追求。

微电影

微电影是经过专业策划和系统制作，时间在 300 秒以内，具有完整故事情节的短片电影。对于观看者来说，微电影的观看几乎没有限制，在短暂的闲暇时间，甚至是移动中也可以观看。

微电影是在受众信息接收习惯改变的基础上而产生的，是经过专业团队策划和制作，具有完整故事情节的短片电影。微电影的出现引起不少的争议，主要针对其内容的质量及影片中的植入广告。

微电影专门在各种新媒体平台上进行播放，适合人们在移动状态和短时休闲状态下观看。它的内容包括幽默搞怪、时尚潮流、公益教育、商业定制等主题，可以单独成篇，也可系列成剧。主要在微博上放映、传播。各类互联网平台均可即时观看并分享，足不出户便能在各种移动新媒体，如手机、IPAD 播放器等上即时观看和分享。

微电影尽管时间很短，但同样可以精心打造成一流的影片。虽然制作周期和成本无法与传统电影相比，但其单位时间的耗资，可能要远高于传统电影。由于片长短，这就要求微电影的情节必须紧凑，而能否在短的时间

内将剧情、人物、内涵传递给观众，是微电影主创人员需要思索的问题。传统电影不可能快速地平移进新媒体，这是由新媒体受众收视心理和消费行为决定的。所以微电影的出现是新媒体时代的必然产物。

理论上谁都可以参与微电影的制作。无论电视台到手机运营商，还是影视制作公司到唱片公司，都可以参与其中。拍摄微电影的门槛虽然不高，但是随着旧媒体的介入，竞争会越来越大，所以并不是简单的某个人或某个团队就可以完成微电影的拍摄。微电影与传统电影相比，具有很多优势：

□随着视频网站的迅猛发展，微电影已经不再是网络拍客们的"自娱自乐"

提高观看人数。2010年，中国内地票房收入突破100亿元人民币，但有近4/5的电影没有在影院上映。影院的市场空间越来越小，很多电影没有机会走向院线，因此需要新的播放平台，而微电影恰恰提供了这个平台。此外，网络电影在很大程度上弥补了传统电影的不足之处，有利于发现新人，促进中国电影的可持续发展。像微电影《四夜奇谭》能够达到2.1亿的点击率，大大提高了观影人数。

广告植入更灵活。清华大学新闻与传播学院尹鸿教授表示，微电影和广告植入相结合，可以从创作的时候便结合广告元素，改变了传统电影创作后期硬性植入广告的形式，这样减少了观众的抵触情绪，从而收获巨大的点击量以及广告收益。微电影成为使电影与广告完美结合的新事物，新浪全国销售总经理李想认为，微电影是一个更偏重于营销和商业的概念，它似乎也不是长篇广告那么简单。

移动发布平台。随着新型媒体在我国的迅猛发展，也让随时随地地观看微电影变为可能。CCTV移动传媒推出一档关于推动中国创意微电影的公益性栏目，同时在北京241条公交线路的16522块荧幕上进行展播，而后将覆盖全国 30 多个城市的公交及机场频道。

　　微电影的出现不是偶然，传统电影的广告成本费用通常按年计算，但在影片数量迅速增长的情况下，影片的上映周期最多一个月，因此很多企业投资时都会犹豫，而网络和各种移动终端逐渐吸引了这些企业投资者。2011 年 10 月份的"限广令"也助了微电影一臂之力。这一纸限令取消了插播广告，于是广告费用被自然地推高，多家卫视 2012 年的广告招标总额都达到多年来的最高点，面对天价广告时段，众多企业只能选择另谋他途。在 2011 年央视刊例价格表中，黄金时段 30 秒的广告价格已经接近 30 万元，这些钱可以拍一部 10 分钟的广告品牌微电影，因此微电影被企业看好，也是情理之中。中央电视台广告经营管理中心策略总监余贤君认为，"微电影按照拍电影的方式来拍广告，这或许是一种行之有效的解决方案。"

🔖 知识链接

明星参与的微电影

　　明星加盟微电影，更为微电影增添了亮点。例如《非诚勿扰 2 番外篇——转机》短片中的一些工作场景在网易办公区拍摄，大部分演员都是网易员工。它的灵感来源于《非诚勿扰 2》预告片中李香山和芒果的离婚典礼，《非诚勿扰 2》的导演冯小刚及主演姚晨、舒淇均有出镜，通过明星的加盟，更容易引起观众的重视和共鸣。

　　吴彦祖倾力出演的《一触即发》全球首映后，迅速引来了网友和观众的围观，仅凭 8 句对白就演绎出了类似好莱坞的大片。

微博的发展历程

科普档案 ●名称:微博客　　●特点:发布内容短、传播速度快、自主选择性较强

　　微博是微博客（MicroBlog）的简称，是一个基于用户关系的信息分享、传播以及获取平台，用户可以用 140 字左右的文字更新信息，并实现即时分享。2009 年 8 月中国新浪网推出"新浪微博"内测版，微博进入网民的视野。

　　微博提供了这样一个平台，你可以作为观众浏览你感兴趣的信息；也可以在微博上发布信息供别人浏览。发布的内容一般较短,因此称之为微博。微博最大的特点就是:发布信息快速,信息传播的速度快。例如你有 100 万听众,你发布的信息会在瞬间传播给 100 万人,接着由听众再传播给更多的人。

　　李松博士认为,微型博客的出现具有划时代的意义,真正标志着个人互联网时代的到来。

　　微博信息获取具有很强的自主性、选择性,用户可以根据自己的兴趣偏好,依据对方发布的内容,来决定是否"关注"某用户,同时用户在微博上发布信息的吸引力、新闻性越强,对该用户感兴趣、关注该用户的人数也越多,影响力也就越大。微博的内容限定为 140 字左右,内容较短,门槛较低,谁都可以发表。信息共享速度也非常迅捷,通过各种连接网络的平台,随时随地发布信息,发布速度超过传统纸媒及网络媒体。

　　世界上最早而且最著名的微博是美国的 Twitter(推特),根据相关公开数据,截至 2012 年 1 月,该产品在全球已经拥有 8000 万注册用户。

　　微博从产生到现在只有不到 10 年的时间。Twitter 是 2006 年 3 月威廉姆斯(Evan Williams)推出的,原意为小鸟的叽喳声,提供社交网络及微博客服务。用户可以经由 SMS、即时通信、电邮、Twitter 网站或 Twitter 客户端软

件(如 Twitterrific)输入最多 140 字的文字。因此,Twitter 于 2007 年在得克萨斯州奥斯汀举办的南非西南会议上赢得了部落格类的网站奖。

国外 Twitter 的兴起,引发了国内的研究热潮。2006 年王兴将校内网卖给千橡互动后,于 2007 年 5 月创建了饭否网。

□在这个时代,微博变成了一个信息的来源,成了一种媒体。

而腾讯 QQ 作为一个拥有 4.1 亿用户的企业,经过市场考察后,在 2007 年 8 月 13 日推出了腾讯滔滔上线。

2010 年国内微博像雨后春笋般崛起。四大门户网站均开设微博。中国互联网络信息中心(CNNIC)发布的《第 28 次中国互联网络发展状况统计报告》显示,2011 年上半年,中国微博用户从 6331 万增至 1.95 亿,增长约 2 倍,中国互联网的普及率增至 36.2%,较 2010 年增加了 1.9%。

2011 年上半年,我国微博用户数量半年增幅高达 208.9%。微博在网民中的普及率从 13.8%增至 40.2%。从 2010 年年底至今,手机微博在网民中的使用率从 15.5%上升到 34%。

目前为止,新浪微博用户数超过 1 亿,已经抢占了先机,仅仅两年时间,新浪微博创下了几十亿美金的纪录。

而腾讯微博,也呈现出蓬勃发展的势头,腾讯拥有近 5 亿的 QQ 注册用户,2 亿左右的活跃用户。企业用户通过注册腾讯官方微博,得到认证后,能够迅速地扩大企业的知名度。个人用户通过腾讯微博,也能在微博平台进行个人的推广。

高校教育平台也随之建立,如腾讯微博校园上的高校新闻哥微博体系的发展,推动了中国教育事业信息化发展的步伐。

从个人的生活琐事到体育运动盛事,再到全球性的灾难事件,微博已经成为全世界的网民们表达意愿、分享心情的重要渠道。

北京市 2011 年 12 月推出《北京市微博客发展管理若干规定》,《规定》提出,"后台实名,前台自愿"。微博用户在注册时必须使用真实身份信息,但用户昵称可自愿选择。新浪、搜狐、网易等各大网站微博都在 2012 年 3 月 16 日前全部实行实名制,采取的都是"前台自愿,后台实名"的方式。在 7 日召开的贯彻《北京市微博客发展管理若干规定》座谈会上,北京市网管办相关负责人表示,3 月 16 日将成为北京微博老用户真实身份信息注册的时间节点,之后未进行实名认证的微博老用户,将不能发言、转发,只能浏览。

尽管微博给网民的生活提供了很多的乐趣,可仍然有许多问题存在,随着互联网法律法规的不断完善,微博会给网民带来更多的欢乐。

📖 知识链接

微博的相关法规

任何组织或者个人不得违法利用微博客制作、复制、发布、传播含有下列内容的信息:

(一)违反宪法确定的基本原则的;

(二)危害国家安全,泄露国家秘密,颠覆国家政权,破坏国家统一的;

(三)损害国家荣誉和利益的;

(四)煽动民族仇恨、民族歧视、破坏民族团结的;

(五)破坏国家宗教政策,宣扬邪教和封建迷信的;

(六)散布谣言,扰乱社会秩序,破坏社会稳定的;

(七)散布淫秽、色情、赌博、暴力、恐怖或者教唆犯罪的。

网络公益

科普档案 ●名称:网络公益　　　　　●特点:社会实践性,培养热情、理性、宽容和技能

网络公益发源于网络,成长于网络。这种具有现代特质的方式,倡导着最广泛的志愿精神和公益行动。网络已渗透到人们的政治、经济、文化和生活之中,而网络公益的发展将为社会公益事业的蓬勃发展注入强大动力。

随着互联网的飞速发展,现实世界对公益的需求与日俱增,越来越多的人参与到公益活动中,各种各样的网络公益形式发展也很快。现在网络已经让世界变平,人们足不出户就可以参与到公益行为中,既简单又有效。就在这个简单的过程中,人们的爱心得到了展现。通过网络,让地球各个角落的人参与其中,实现了不仅是物质的互换,也获得来自各界的精神食粮,开阔眼界,启迪思维。

网络公益是一个虚拟的组织,以志愿的精神,通过网络社会和现实社会的互动,推动面向公众,具有实践性的公民教育工作,让更多的人参与社会服务工作,从而使我们的社会更加和谐美好。公民性主要体现在对公共事务和公共政策方面的参与意识与技能。通过网络虚拟社区,公民可以锻炼、培养参与的热情、理性、宽容和合作技能。尤其是在公益性结社里,还能积累以信任为基础的社会资本。

网络公益或许是另一种新兴时尚,但参与者正引领着这种时尚潮流,并以实际行动实现了自我的社会价值。他们依托互联网的互动性、无地域限制特点,以及网络在团结和凝聚个体参与公益活动方面具备的天然优势,正逐步搭建起一个低门槛、透明化、方便快捷且高效互动的网络公益大平台,更重要的是把原来由少数企业、团体或个人参与的慈善活动,变成了人人便于参与的社会公益全民活动。

实际上,网络上各种慈善救助事件,比如重病救助、助学等,唤起了人们的善愿和行动,有助于培养相互信任的社会关系。这是一种可贵的社会资本,传达给人们一个信息:大家是可以合作的,社会上好人还是很多的。这种社会资本对经济发展、对公民社会、对社会团结与稳定都是有正面作用的。所以,从这个角度看,网络公益是值得鼓励、应该得到更充分发展的。

有关专家表示,当前网络公益已起步,正在走向正轨。从长远来看,网络公益的优势将随着社会公益制度的完善、大众公益理念的跟进以及网络媒体自身的权威影响力的巩固,逐步得到释放。"一呼百应"的网络公益或将成为社会保障的有益补充,融入人们生活,激发全社会公益热情,展现企业公民精神,推动社会公益事业的发展。

也有专家表示,越来越多的青年通过网络投身到社会公益活动中,充分说明当代青年不仅个性张扬、追求自我价值实现,而且并不缺乏公民意识、社会意识、责任意识。

目前我国的"网络公益"大都以成立网上社区公益联盟的形式存在,公益联盟可以为热心网络公益事业的网友提供广泛的平台,与广大网友携手推进公益事业。除此之外,一些公益网站的发起人还建议,应搭建一个纯粹的、开放的公益资讯平台,整合各种公益资源,力所能及地为各类公益组织的网络推广出一分力,并在有合适的人、有合适的需求的基础上积极尝试开展公益活动。

"其实公益就在我们的日常生活中,它是一种博爱的理念,是一种健康的生活态度。如果公益博客的点击率有名人博客那么高的话,那么这个社会将充满爱。现在一些公益爱心推广特辑,把不少著

□网络公益

名公益组织的官方博客给'打捞'了出来,以单独的页面进行集体的展示,形成了一片公益博客的天空,这样的形式非常好。"一位博友表示。

走过了冰雪灾害、汶川大地震,举办了奥运体育盛会,不平静的2008年让国人共同经历了一次次考验,也激发了人们参与公益事业的热情。尤其是活跃在"5·12"抗震救灾斗争中的约20万名来自全国各地的志愿者,在灾难面前诠释着中华民族的大爱大义、大美大善。而在志愿者队伍当中,不乏众多风华正茂的"80后""90后"们,在灾难面前所迸发出的青春热情,表现出的执着奉献和责任感、使命感令人刮目相看。这些平日大多在家中集几代人宠爱于一身的孩子,强调自我价值、崇尚个性张扬,震灾中的他们勇于担当重任,默默无闻地加入救援,用自己的行动演绎着一段段爱心传奇,传播着动人的奉献故事,谱写了一曲曲感天动地的生命大营救乐章。

网络团体开展社会公益活动也存在一些问题,比如组织者经验匮乏、经费欠缺、参加人员流动性大等,这些发展中出现的问题需要在发展中逐渐加以解决和克服。在这方面,有关专家建议,相关政府部门应该更充分地发挥引领作用,对青年网络团体从事社会公益事业进行指导和规范,使之健康发展,成为培养青年的载体,建设和谐社会的助力。

网络公益的局限性很明显,譬如很多公益人缺乏相对专业的知识,开展行动的方式有限,动辄捐款,更重要的是,它往往建立在事件的影响力上,这就导致一种为了追求事件新闻传播力而不惜把事件搞大的冲动。譬如质疑"天使妈妈基金"的声音中不乏不实传闻,而当事人竟将其动机解释为"骂得越厉害,可以引发更多的关注"。

2012年7月末,北京遭遇61年来最强暴雨,市民开展自救,涌现出大量感人的事迹,而网络作为重要的社交平台,承载了社会的道德温情。大量网友通过网络平台发布互助信息,好心人为无法归家的路人提供留宿,有车一族驾车送人回家,市民守望相助。与此同时,公安、消防及时通过微博发布、接收互助信息。"微博双闪爱心车队"联通陷入困境中的人们,义务输送机场航站楼滞留的旅客进城。诸如此类的感人情节触动了网民。

值得铭记的一个细节是,中国最具权威性、最有影响力的《人民日报》

在此期间开通微博，发布暴雨相关报道之余，敢于在新媒体上发声，针对暴雨灾害表态，发表微评论称"没有一流的下水道，就没有一流的城市"。不同于以往的自然灾害，网民一方面守望相助，投入到灾难救援中，另外又不忘探讨灾害的人为因素，感叹"北京离世界级城市的差距就是一场雨"。有网友提出"应该开放体育场馆和其他公共设施给滞留的数万旅客"，尽管大量民众主动为滞留市民提供留宿，但杯水车薪不足以满足灾民的应急之需，在自然灾害紧急应对方面，政府或应该采纳网民的意见。

此次暴雨灾害过后，政府部门主动承认自身工作不足，没有一味地沉溺在市民带来的感动中，这也是一种进步。

📖 知识链接

博客公益的作用

博客公益，简单说就是一种大众公益、平民公益。博客公益的出现也成为网络公益的一种很好的补充。目前，我国的互联网网民总数已经超过 3 亿，而博客人数已经过亿。如果在自己的博客上进行一个公益宣传，超过一亿的博客产生的公益效应足以影响整个社会。众所周知，博客是一个承载个人心得和思想的空间，没有任何人强迫你放什么、不放什么。因此，博客是我们自己可以主导的工具。我们完全可以利用自己的博客支持自己认可的社会公益，发挥我们每个人的力量，共同创造一个更加美好的社会。

网络赚钱

科普档案 ●名称:网络赚钱　　●特点:简单易做、方法多样、无须成本投资、风险较小

网络赚钱是利用电脑在互联网上以各种途径赚钱，它是网络发展到一定阶段的产物，兴起于20世纪90年代。它是一种合理合法的赚钱方式。主要参与者为新媒体受众，分为正职与兼职。

网络赚钱,简称网赚。指的是利用电脑、服务器等设备通过互联网从网络上获利的赚钱方式。目前网赚的方式有:电子商务、推销商品、介绍会员、代理广告、网络调研、冲浪赚钱、游戏赚钱、下载软件赚钱等。它是社会发展到一定阶段的产物。网赚由用户、中介网站和广告主三方面构成。广告主是提供广告中所涉及的产品和服务的商家,是付出广告费用的一方;中介网站是运用互联网技术将广告主的广告传送到用户那里,并与用户一起分享获得的广告收入,是直接与用户打交道的一方。从网络上赚到的钱其实是广告费里的钱。所以说网络赚钱这个新时期的产物与广告是密不可分的。

目前对于普通大众来说,最简单易做的有邮件赚钱、点击赚钱、调查赚钱、冲浪赚钱、搜索赚钱等。由于这种赚钱方式投资较少,有时只要有一台能上网的电脑就行,所以人们有时又形象地称它为"免费网赚"。

站长网赚:广告联盟是站长网赚目前最正规的网赚模式,也是目前网赚的主流模式,网站主为广告主在自己的网站投放广告从而将网站访问量转化为广告收益。

调查网赚:这种网赚就是为一些商业性调查提供的平台,由某公司发起对市场调查的活动,由中介网以有偿的形式发送给愿意参加调查的网民。在参加调查后可以获得相应的收入。根据不同的时间和完成调查的要求,调查网站的收入也是波动很大,小到1元2元,多到几百元一份调查,不

过大多数调查都在20分钟10元左右。由于调查网赚一般都是由专业的调查公司接手承办,相对其他网赚来说比较稳定,但是自从全球金融危机之后,各家大公司都减少了对网络调查资金的投放,现在的网络调查变得更少,价格也变低了,但是相对其他网赚的不稳定性,调查网赚仍旧是一项比较不错的网赚项目。

□网络赚钱

点击网赚:点击网赚就是看广告赚钱,是网赚界中最流行的一种,它操作简单,收益较快,还可以拿返佣,一个项目,两份收入(既可以得到网赚公司的钱又可以得到本站的返佣),是新手的入门首选。建议以学习为主,掌握了方法也许能赚得更快。但是,现在点击网赚的行情也不容乐观,真正能做到长久稳定支付的网站不多,往往刚点到差不多接近请款额,网站就关闭了。做点击网赚一定要意识到风险。

投票网赚:投票赚钱简单地说就是参与任务主发放的投票任务,比如广告语征集、方案征集、点子征集之类。这些征集活动通常会把初选出来的结果放到网上,让网民投票选择,投票最高者就中标。票数的高低将直接影响到参与者的利益。所以,为了获取更大的利益,就要获得更多的票数。于是某些竞标者就会到投票网站花点钱发布投票任务。由投票网站的会员参与该任务,帮任务主投票、拉人气,同时获得一定报酬。

冲浪网赚:冲浪赚钱操作很简单,只需要按照网页提示步骤操作,一旦注册成功,就可以冲浪了。但是现在做冲浪网赚几乎没有收入。

淘宝网赚:淘宝网是阿里巴巴旗下的一个购物网站。随着网络购物的方便性、直观性,使越来越多的人在网络上购物。一些人即使不买,也会去

网上了解一下自己将要买的商品的市场价。做这类网赚的多为兼职,有的人甚至做起了淘宝客,不用投资一分钱,只是通过代理销售别人的商品赚取提成。网络购物虽然方便,但匿名性更高,所以大家购物的时候要特别注意,买东西前先看信誉与好评率再做决定。

游戏网赚:这类网赚大多是从玩游戏开始,慢慢变成卖游戏里的虚拟物品,在国内,大型职业游戏的团队还是少数。前些年的游戏玩家大多是学生之类的无经济基础者,而现在游戏玩家的大龄化,使得国内的游戏消费越来越高,游戏网赚也越来越面向职业化。网络游戏、虚拟物品交易的站点虽然有不少,但大多是小规模,信誉度不高。

邮箱网赚:邮件赚钱的方式主要是读邮件加点击,每天收取广告公司发送来的电子邮件,从中选出标有付款提示的链接,点击此链接打开新页面。一般都要求页面打开的时间不得少于某个时间,超过他们要求的时间后,就显示出你已得到报酬的信息。这种广告邮件通常有两种方式提供给你,一种是发到你的注册邮箱里;另一种是放在公司的"站内信箱"。你可以选择其中的一种方式,也可以两种方式都要。

搜索网赚:简单地讲,就是你参加某个搜索引擎公司的活动之后,得到一段代码或者入口地址,然后将其放在自己的主页空间或者可以看到的论坛等地方。当他人通过这段代码或者入口页面进行搜索时,你就会根据搜索的多少得到相应的报酬。

流量类网赚:流量最初的统计意义是用来标识某个网站被访问人次的统计单位。基于流量的意义,于是就有了广告商把为某个网站提供访问来源(流量)作为了一项业务来开展,引导那些想宣传自己网站的人来购买流量为自己促销。

投资网赚:现在一提到投资,有一部分人就会与传销联系起来,实质上,投资网赚是一种新的结构,其优点在于:基本上都能得到比较实用的东西;能有比较全面的学习资料;有高额的回报,发展空间很大,收入范围可从几元钱到几万元甚至几十万元;信誉一般都比较好。

无论用哪种方式,都需要对自己的网站、网上商店、博客等认真经营,如果想不劳而获或者对网上赚钱方式选择不当,要么上当受骗,要么白辛苦,怎么也赚不了钱。

网赚起步于1992年,1997年,搜索赚钱、注册赚钱、任务赚钱、介绍赚钱、调查赚钱、游戏赚钱等皆应运而生,但客户端之作弊方式层出不穷,广告公司之计数系统仍未臻完善。第二年,伴随着微软技术的重大突破(Microsoft Windows98),许多广告组件成功继承,客户端只要下载广告组件即可播放广告条,此类进行冲浪的赚钱方式正式展开。

网赚是伴随着互联网的发展而兴起的,随着互联网的未来变化,相信还会有更多的网赚方式出现。

📖知识链接

网赚专用词汇

下线:下线就是经过你的推荐而参与网赚项目的人。网赚中按照你推广的下线,点了多少广告,根据一定比例给予你相应的额外奖励。

返佣:返佣则是一种网赚合作方式,是一种把下线提成收益的一部分拿出来回报下线的做法。要想快速做到支付,唯有凭借大量下线提成获得收益。所以很多人就采取了一种有偿拉下线的方式,也就是大家常听到的返佣。

网络交友

科普档案　●名称:网络交友　　　　●特点:灵活性、互动性、快速便捷、应用更加广阔

网络交友是在互联网上的交友婚恋社区或网站登记注册,与其他人互动沟通的应用。它具有灵活性、活动性、便捷快速等特点,与传统交友方式相比,领域更宽,视野更广,未来具有广阔的应用前景。

网络交友是互联网应用初期就已经被广泛提出来的应用之一,像"世纪佳缘"就属于这样的应用平台。多数网站依靠网络交友功能来获得流量。随着更多应用功能的开发,网络交友的服务形式也越来越丰富,网络交友的方式变得更加具体,更具有针对性。尚网资讯认为,网络交友服务在过去的发展中经历了三个阶段:

第一阶段,互联网应用初期即时通讯、门户网站、论坛与社区类网站提供的有实际网络交友功能的服务,这个时期,网络交友没有被明确提出,网络交友只是网民在使用互联网服务的时候的一种附加功能;第二阶段,专业的网络交友网站走进了网民的生活,网民访问这类网站就带有比较明确的交友目的。但是,这个时期的网络交友网站可以提供的交友功能还不多,只是在基本的会员库中提供对陌生网友的查询,这个时期的网络交友也因为一些不健康的因素,受到很多非议;第三阶段,随着网络应用技术的完善,网络交友的应用功能也越来越丰富,即时通讯、门户网站、专业交友等网站适时提出了定向交友的服务模式,例如网络婚恋交友、商务圈交友、爱好交友等。

网络交友较之其他交友方式更加经济、安全、健康。现在的上网条件非常的便利,上网费用也极其低廉,无须耗费大笔的资金去请朋友们吃喝玩乐以增加感情、友情、恋情。网上交友可以异地开展文字、音频、视频聊天,

无须去面对面地处在一起。网络交友因其所进行的活动都是通过网络进行，所以很大程度上减少了网络之外的交友开销，因此是种健康的交友方式。交友是一门高深的学问，美国著名心理学家戴尔·卡耐基总结了一些交友的方法：对别人真诚地感兴趣；经常对别人报以会心的微笑；做一个好的听众，不当"演说家"；谈论别人感兴趣的事情；经常让对方感觉到自己的重要；避免与对方正面争吵；不要总显得自己比别人高明；勇敢承认错误；多从别人的角度去考虑问题；永持同情心；尽可能使彼此的交往有趣味；以积极的态度开展竞争。只有真正用心去交友，才能有所收获。

目前比较活跃和专业的交友婚恋网站如下：世纪佳缘、百合网、珍爱网。这些网站都有一定的专业水平，并且成功率比较高，是目前网络交友选择较多的婚恋交友网站。

据DCCI互联网数据中心透露，作为55个调查领域中发布的15个领域之一，中国互联网社区网站市场将会有几种未来发展趋向：

国内婚恋交友及商务交友网站总体增长放缓。由于社会习俗、经济条

□中国网络婚恋交友迅速发展

件、技术形势和支付体系等因素的制约，网络交友市场的发展并不尽如人意。风险投资的热潮过后，如何吸引用户、留住用户、提高活跃度、提高赢利能力成为一系列的问题。

目前中国大陆交友网站市场正处于市场成长期，出现大量的交友网站，各种网络交

□手机也可交友

友的表现形式不断涌现，但都处于商业模式探索阶段，大多赢利困难，大规模赢利能力尚未释放。

交友网站市场竞争将会更加激烈，市场集中度有提高的趋势。未来几年正是中国网络交友的市场成长期，各大交友网站都在抢夺和巩固市场，一些较小的交友网站将会被市场淘汰。

市场定位准确、需求度高的婚恋交友网站发展相对较快。婚恋网站市场因为定位准确，需求度较高，用户规模增长迅速，以 MSN 中国婚恋交友为代表的、"诚信"品牌较好的高端网站颇受欢迎。

活跃度低、用户基数小，商务类交友网站增长乏力。与综合交友网站和婚恋交友网站比较，商务类网络交友的用户规模非常小，加之活跃度又较低，所以商务类交友网站发展缓慢。如何吸引用户，如何提高活跃度是商务类交友网站首要解决的问题。

改变国人交友习惯将能革命性地促进交友网站发展。当网民打开电脑时，像习惯登录 MSN、QQ 等即时通讯工具一样登录交友社区的时候，就是社区交友模式在中国成功的时候。而解决这个问题的关键在于改变用户的交友习惯，把交友社区的意义、真实诚信的感觉传达给更多的年轻人，并营

造一个有创意、平等、健康的文化氛围;凸显交友社区的交友特色,对网民的网络社区交友行为习惯进行引导和培育,让更多的网民了解并使用交友社区的交友模式。

精准广告成为休闲交友网站的重要赢利模式。在不破坏网友用户体验的情况下,休闲交友网站可以根据交友用户的上网行为、社区行为、言论行为以及内容偏好进行数据挖掘,从而实现对用户的分类,并根据不同类别用户的特征和需求匹配相应的广告,因此,精准广告有望成为休闲交友网站的重要赢利模式。但是,利用精准广告的赢利模式发展休闲交友网站尤其应注意的是,在发展精准广告系统时,保护用户隐私以及广告投放不破坏用户体验非常关键。

📖 知识链接

中国网络交友的发展

随着互联网用户的迅速增加,中国网络交友用户也得到了迅速的壮大,中国的网络交友规模已超过一亿人,网络交友已经成为中国网民互联网生活的重要组成部分。2005 年中国网络交友的人群规模达到 4630 万人,实现了 41.2%的增长,2006 年规模继续保持超过 40%的增长速度,达到 6520 万人。而到 2008 年,中国的网络交友规模超过一亿人。现在网络上比较流行的有 QQ 聊天交友、博客交友、论坛交友、聊天室交友,还有专业的交友网站等。专业的交友网站代表有: 世纪佳缘、珍爱网、百合网等。

网络暴力

科普档案 ●名称:网络暴力 ●特点:匿名性、隐蔽性、冲破道德底线、不利于网络环境建设

网络暴力指在网上发表具有攻击性、煽动性和侮辱性的言论,造成当事人名誉的损害。这种暴力方式打破了道德底线,往往也带着侵权行为,目前没有有效的手段来制裁。

网络暴力是指网民在网络上的暴力行为,是社会暴力在网络上的延伸。它不同于现实生活中拳脚相加的暴力行为,而是借助网络的虚拟空间用语言文字对人进行讨伐与攻击。这些恶语相向的文字,往往是一定规模数量的网民,因网络上发布的一些违背人类公共道德和传统价值观念以及触及人类道德底线的事件所发的言论。这些语言文字刻薄、恶毒甚至残忍,已经超出了对于这些事件正常的评论范围,不但对事件当事人进行人身攻击,恶意诋毁,更将这种讨伐从虚拟网络转移到现实社会中,对事件当事人进行"人肉搜索",将其真实身份、姓名、照片、生活细节等个人隐私公布于众。这些评论与做法,不但严重地影响了事件当事人的精神状态,更破坏了当事人的工作、学习和生活秩序,甚至造成严重的后果。

网络暴力的参与者人数众多,其参与动机与形式也很复杂。主要的参与者,可以分成三类。一是主要事件的发布者,也就是最初在网上公开那些有悖人类良心或是社会公德事件的人,他们所发布的信息,是引发网民注意力并参与讨论的焦点,也是暴力形成的导火线。发布者此举的动机不一。有真正怀着正义之心想借网络之力解决现实问题的人,也有在网络空间发泄自己不满与愤懑情绪的人,也有通过网络开无聊玩笑捉弄别人的人,更有不怀好意地利用网络轰动效应获取私人之利的人。虽然动机不同,但他们发布的事件往往有些共同点,都比较容易触动大众的道德神经和内心情

感,引发大众对该事件的关注。大从的立场以传统的价值观为参照,往往容易得到网民在观点立场上的共鸣。

网络暴力的另一类参与者就是跟帖者,其中又分为真正的讨伐者、恶搞的跟风者和无意识的参与者。

真正的讨伐者是在主帖事件公布以后,对事件当事人进行恶意口诛笔伐的狂热分子,他们不但刻意地攻击事件当事人,而且会用极富煽动性的语言去感染其他的网民。同时,他们也是会以实际行动参与网络人肉搜索,并对当事人的现实生活实施干扰与破坏的人。这些人坚信主帖事件中所公布的是真相,并不耻相关当事人的行为,他们在网络暴力事件中是主要的行动者与煽动者。跟帖的网民中,还有一些喜欢恶搞的跟风者。对于他们来说,事件本身的真假对错已经不重要,而重要的是他们又有一个可以恶搞的主题对象。他们有意识地将事件夸大,对于一些本该严肃看待的事情,却以极其夸张和调侃的方式将其恶搞,存在着强烈的幸灾乐祸及娱乐狂欢的心态。他们乐于参与网络暴力事件,挖掘当事人的现实身份,从而获得快感。这些跟风者以实际行动将暴力程度升级。绝大部分跟帖者都是无意识的参与者。之所以说他们无意识,是因为他们对于主帖中所宣扬的事件,并没有用自己的理性去思考和判断,鉴定其真伪是非,而一味地被主帖中的感情所牵扯并完全接受主帖的观点与立场。无意识参与者,对于网民迅速形成一致观点和态度起到了一定的作用,壮大了声讨的队伍。

□网络暴力

除了发帖者、跟帖者之外，还有网络看客。网络看客的人数远远大于跟帖者。他们其实算不上真正的网络暴民，他们是通过网络了解主帖事件情况，关注事件进展的人，一般只看不言，不参与暴力活动。但是他们在网络上搜索相关事件，无疑增加了这一事件的网络点击量，而点击量的上升会直接影响到相关事件在网页上位置的表现。

网络暴力根源很多，如网民的匿名性，网络上缺乏制度和道德约束，一些网民的素质原因，社会的不公、法治与精神文明建设滞后等。

中国网络暴民的出现，与目前中国网民年轻化、网络的商业化运作以及中国民主环境都有极大的关联。

根据中国互联网络信息中心（CNNIC）2008 年 7 月公布的第 22 次《中国互联网络发展情况统计报告》显示，我国 68.6% 的网民为 30 岁以下的年轻人。而这一特征在中国网络发展的 11 年中不曾变过，而且近年来，18 岁以下以及 18~24 岁的网民比例呈上升趋势。网民年轻化，是网络暴力凸显的直接原因。这些年轻的网民，充满激情、冲劲十足，但也容易冲动。主帖事件在网络上一发布，他们就会迫不及待地用键盘表达自己的观点和立场，显出不满与愤怒。而这些愤怒的个体在网络上非常容易结合成一个观点一致的暂时群体，然后他们以群体的身份，以"正义"的名义对当事人进行有计划、有目的、有组织的追讨与打击。他们以为自己正在伸张正义，却忽略了自己给别人带来的过度伤害。而且年纪也决定了他们的思想认识水平及对事物认识的深度。他们既容易受群体情绪的影响，也容易受到表面信息的左右，急于对一件事情下是非判断，而无法迅速看清事件背后的复杂关系与原因。这种年轻的冲动与无知，很容易认同并实施以暴制暴的网络暴力。

同时，网络的商业性运作，利用了年轻网民的冲动与无知，对这些网络暴力事件起到推波助澜的作用。虽然我们不排除一些发帖者通过极端语言炒作自己或是故意以此进行有目的的打击与报复，但是更不能忽视的是，网络媒体在其商业化的运作中，为了在市场竞争中抢占先机，故意自编自演相关事件或是放任网络暴行蔓延。

年轻网民暴行之所以会在网络上突出，之所以会被商家利用，还在于自由表达渠道的缺失。从他们身上，我们很容易看到民主意识、法律意识的缺乏。他们缺少必要的民主生活训练，也缺少有效的自由表达空间或是渠道。比如在基层自治上、在选民与代表的沟通上，在传统媒体上都没有多少表达权。网络的出现，立刻成为民众表达追捧意见的自由空间。很多中国民众还没学会如何自由表达，却已经奔驰在了信息高速公路上，其暴力行为完全在情理之中。这只能怪我们没能提供更多的表达渠道，没有在网络以外建设更多的表达机制，迫使网络承担了更多的表达任务。而网络在中国的发展，真正能形成公众舆论并通过社会信息沟通以及政府决策起作用的成就感并不多。绝大多数网络上的言论与意见没有被足够重视，于是民众反而在这种公共表达空间中累积了更多的愤懑，看不惯的、听不惯的开口就骂，网络暴力也就不可避免了。

另外，我们的社会仍处于一个相对复杂的转型期。经济上的贫富悬殊、社会各阶层的利益失调，加上腐败现象时有发生以及全球化带来的影响，都使得观念多元化。于是网络不免成为网民发泄情绪的最好途径。

📖 **知识链接**

如何防治网络暴力

专家们认为，防治"网络暴力"必须疏堵结合、综合防治。要通过行之有效的宣传教育，提高网民特别是广大青少年的道德自律意识，增强他们的分辨能力、选择能力和对低俗文化的免疫力，倡导文明的、负责的网络行为；相关职能部门应加快对个人信息保护的立法研究，尽快出台相应的法规制度，净化网络环境。

网络保险

科普档案　●名称:网络保险　●特点:借助互联网、利用电子商务技术、一条龙投保服务

　　网络保险是指实现保险信息咨询、保险计划书设计、投保、缴费、核保、承保、保单信息查询、保权变更、续期缴费、理赔和给付等保险全过程的网络化。网络保险无论从概念、市场还是经营范围,都有广阔的空间以待发展。

　　网络保险是一种新兴的以计算机网络为媒介的保险营销模式,有别于传统的保险代理人营销模式。网络保险是指保险公司或新型网上保险中介机构以互联网和电子商务技术为工具来支持保险的经营管理活动的经济行为。

　　网络保险的具体程序有以下几步:保民浏览保险公司的网站,选择适合自己的产品和服务项目,填写投保意向书,确定后提交,通过网络银行转账系统或信用卡方式,保费自动转入公司,保单正式生效。经核保后,保险公司同意承保,并向客户确认,则合同订立;客户则可以利用网上售后服务系统,对整个签订合同、划交保费过程进行查询。

　　随着信息社会的到来,电子商务在美国、西欧等发达国家和地区的发展极为迅速。最先出现网络保险的是美国。美国网上保险费早在1997年就高达3.9亿美元,而2001年,约有11亿美元的保险费是通过网络保险获得。在网络用户数量、普及率等方面,美国的网络保险业都拥有着明显的优势。目前,几乎所有的美国保险公司都已经上网经营,为消费者提供了全新的保险体验。英国是世界上公认的网络保险最为发达的国家之一,英国网络保险公司的保险产品不仅局限于汽车保险,而且包括借助因特网以及电话实施营销的意外伤害、健康、家庭财产等一系列个人保险产品。2005年英国约有20%的保险在互联网上销售,同年日本已出现首家完全通

过互联网推销保险业务的保险公司。作为全球最大的保险及资产管理集团之一的法国安盛集团，早在 1996 年就试行了网上直销。可以说我国如不顺应世界保险业的这一发展潮流，在网络保险方面必将面临国外保险公司的强烈挑战。

目前，我国保险网站大致分为三大类：保险公司自建网站，主要推销自家险种，如平安的 PAl8、泰康在线等；独立保险网站，不属于任何保险公司，但也提供保险服务，如保险界网等；中国保险网一类的保险信息网站，往往被视为业内人士的 BBS。

2000 年 8 月，国内两家知名保险公司太平洋保险和平安几乎同时开通了自己的全国性网站。太保的网站成为我国保险业界第一个贯通全国、连接全球的保险网络系统。平安保险开通的全国性网站 PAl8，以网上开展保险、证券、银行、个人理财等业务被称为"品种齐全的金融超市"。

同年 9 月，泰康人寿保险公司也在北京宣布泰康在线开通，在该网上可以实现从保单设计、投保、核保、交费到后续服务全过程的网络化。

与此同时，由网络公司、代理人和从业人员建立的保险网站也不断涌现，如保险界等。

目前，网络保险有新的趋势出现。网络保险出现市场细分，比如针对车险市场，出现了较多的如车盟网、114 保险网等网站。另外，还有专门销售个人人寿保险的网站等。有些网站还获得了风险投资，在风险投资的推动下，网络保险将取得更大更快的发展，竞争也必然加剧。

尽管如此，网络保险在我国还只能算新生事物。多数保险公司对网络保险的认识处于试用阶段，真正开展网络保险业务的保险公司较少。虽说我国的保险网站早在 1997 年就出现，但其主要功能一直局限于保险咨询、险种浏览、投保意向、网上投诉报案、调查市场需求、管理客户资料和设计保险方案等。网络保险业务内容单一，缺乏线上互动。在网络销售方面，还处于最初的静态信息给予阶段，很少有保险公司进行网络直销。在客户服务方面，也仅仅处于服务信息提供阶段。网络保险客户较少，相当一些人因收入水平低而无条件上网，直接影响网络保险需求。网络保险存在着较大的风险。网络系统是网络保险的依托，任何有关网络系统不安全的因素都可能造成信息资料的失真和丢失，影响网络的安全运行。此外，在缺乏丰富的保户资料而保险公司与保户又不是面对面接触的情况下，网络保险很容易带来道德风险。

目前，中国发展网络保险，机遇与威胁并存。机遇主要表现在：中国拥有

□中国网络保险市场机遇与威胁并存

广阔而优良的潜在市场。目前，中国的 Internet 用户已在 3.84 亿以上，其中有 17.38% 的网民希望通过网络得到金融、保险服务。网民增长速度很快，上网人数平均每个季度递增 8%。网民逐步显现出年轻化、知识化的特征，并且平均收入水平较高。这些网民观念新，乐意选择优秀的保险品种，有利于网络保险业务的开展。另外，从保费收入与居民储蓄余额的对比来看，发展中国家整个保险业的保费收入占储蓄余额的比重一般为 7%，发达国家一般为 15%。我国保费收入仅占居民储蓄的 2.3%。通过开展网络保险可以扩大保险产品在网上的宣传，保险公司与客户之间的沟通更加便利，双方的信息对称和容量扩大，能够推动我国保险潜在市场变成现实市场。

与此同时，一些不利因素也威胁着我国发展网络保险：一方面是观念与意识的制约。"眼看、手摸、耳听"的购物习惯在人们心中已根深蒂固，许多人还不适应"鼠标+键盘"的投保方式，观念转变需要有个过程，尤其是人们的观念和信心是个不容忽视的问题。引导人们对"数字市场"建立起与"物理市场"一样的信心，需要一定的时间，需要各个方面的大力推动。另一方面是随着中国正式加入 WTO，一些对外开放承诺付诸实施，国外保险公

司将有更多的机会大举进入中国,分争中国保险业的"蛋糕",当然网络保险业务国外公司也会抢夺。事实上,外资保险公司进入中国后已经开展了网络保险业务。

要让网络保险在中国发展得顺利,还得从营销观念、经营环境等方面着手,提升自身品牌实力,转变营销观念,真正以客户需求为导向。网络双向互动的特性决定了开展网络保险,公司会收到大量的反馈信息,公司要专门设人对这些信息进行管理。进一步完善网络保险环境,努力提高员工的素质,加大对员工培训的投入。网络保险的运营,使得保险工作的性质和任务与以往大不相同,要求员工应该具有全新的观念、较高的业务和管理水平。

因此保险公司创建网络品牌时,应具有更广泛的包容性,不仅提供保险领域的服务,还应包括投资服务、家庭理财等跨保险的服务领域,这样才能吸引更多的保户。

全球的网络保险目前还存在许多缺陷,大部分的网上保险还处在探索阶段,安全性、风险控制和网上支付等难题有待解决,离全程化的网络保险还存在一定距离。它在模式上并没有现成的经验可循,所以,网络保险公司还需要进行更进一步的探索。

知识链接

网络保险的益处

由于网络所固有的快速、便捷的特点,网络能将各大保险公司的各种产品集合起来,让保民充分比较,轻松地做出选择。与传统保险相比,保险公司同样能从网络保险中获益良多。首先,通过网络可以推进传统保险业的加速发展,使险种的选择、保险计划的设计和销售等方面的费用减少,有利于提高保险公司的经营效益。据有关数据统计,通过互联网向客户出售保单或提供服务要比传统营销方式节省58%至71%的费用。

网络红人

科普档案 ●**名称:**网络红人　　　　●**特点:**被网络媒介放大、依靠自身的特质、表现形态多样

　　网络红人是在网络中因为某个事件或者某个行为而被网民关注并走红的人。他们的走红是因为自身的某种特质,然后通过网络作用被放大,有意或无意间受到网络世界的追捧最终成了"网络红人"。

　　网络红人的产生不是自发的,是在网络媒介环境下,网络推手、传统媒体以及受众心理需求等利益共同体综合作用下的结果。它与网民的审美、娱乐、刺激、偷窥等心理相契合,具有一定受众群体。

　　在受众群体的追捧下,网络红人成为当前网络的一种特殊现象。网络红人发展以来共有三个阶段:文字时代的网络红人;图文时代的网络红人;宽频时代的网络红人。

　　最早的网络红人,应该算痞子蔡、李寻欢、安妮宝贝、慕容雪村、今何在等一批人。在互联网的56K时代甚至更早,是文字激扬的时代,也培育了那一代的网络红人,他们共同的特点是靠文字在网络上立足并走红。互联网进入图文时代后,网络红人开始多了起来,女性居多,如芙蓉姐姐、天仙妹妹、二月丫头等,通过图文结合的形式占尽网络风头。进入了宽频时代,网络红人如雨后春笋一般,一夜之间横行网络,香香、刀郎等人网络歌曲的流行便是最明显的标志。

　　网络红人的成名方式也有许多种:

　　艺术才华成名。这一类型的网络红人主要是依靠自己的艺术才华获得广大网民的追捧。他们大多数出身草根,一般不是科班出身,没有受过专业教育,往往是依托其非同一般的天赋和在兴趣支配下的自我学习,从而在某个艺术领域形成了自己独到的特点。他们通过把自己的作品传到个人网

□借助网络而红的人

站或者某些较有影响力的专业网站上，由于他们在艺术上不同于主流的独特的品位，逐渐积累起来人气，拥有固定的粉丝群。

搞怪作秀成名。这一类型的网络红人最典型的代表为芙蓉姐姐，通过在网络上发布视频或者图片的"自我展示"引起广大网民关注，从而走红。他们的"自我展示"往往具有哗众取宠的特点，他们的言论和行为通常很"出位"从而引起大众的关注。他们带有很强的目的性，包括一定的商业目的，与明星的炒作本质上并没有区别，都是为了引起大家的注意。

意外成名。这一类型的网络红人与第二类相对，他们主观上并没有要刻意地炒作自己，而是自己不经意间的某一行为被网友通过照片或者视频传上网络，因为他们的身份与其表现同社会的一般印象具有较大的反差从而迅速引起广大网民的注意，成为"网络红人"。他们因为与其身份不符的"前卫"而具有一两个闪光点，从而被某些眼光独到的网民发现并传至网络，大众在猎奇心理的驱动下给予关注，觉得新鲜有趣，可作为消遣。但是他们自身往往并不知道自己在某一时刻已经成为网络的焦点。

网络推手成名。如果说第二类是某人突发奇想想通过自己炒作一举成名的话,那么通过网络推手成名的"网络红人"则可以说是有准备有组织的炒作。他们背后往往有一个团队,经过精心的策划,一般选择在某个大众关注度很高的场合通过某些举动刻意彰显他们自身,给大众留下一个较深的印象,然后会组织大量的人力物力来进行推动,在全国的各个人气论坛发帖讨论,造成一个很热的假象,从而引起更多的网民关注。因为这一类人事先有精心的策划,时机把握得当,在推出后继之以大量的炒作,所以他们成名的概率通常比较大,而第二种类型的人则有可能会被网络上铺天盖地的信息所淹没或者由于网民的见怪不怪而石沉大海,成功率较低。

网络红人的出现是必然,随着互联网的发展,它还会继续出现在网络上,受到网络世界的追捧。

◆ **知识链接**

网络红人禁令的颁布

2012年4月,广电总局出台规定,禁止网络红人上电视做嘉宾,对此,各大卫视纷纷表示踊跃支持。对于网络红人的禁令,《快乐大本营》制片人龙梅表示一直都拒绝邀请靠丑闻走红的艺人。东南卫视职场节目《步步为赢》的制片人李季认为网络红人虽然有存在的价值,但更应该有引导观众正确价值观的责任。

网络科技探寻

□瞬息万变的网络先锋

第 **2** 章

局域网

局域网是指在某一区域内由多台计算机互联成的计算机组。局域网是封闭型的,一般是方圆几千米以内。局域网可以实现文件管理、应用软件共享、打印机共享、工作组内的日程安排、电子邮件和传真通信服务等功能。

局域网分为有线局域网和无线局域网,可以由办公室内的两台计算机组成,也可以由一个公司内的上千台计算机组成。一般是方圆几千米以内,将各种计算机、外部设备和数据库等互相连接起来组成的计算机通信网。它可以通过数据通信网或专用数据电路,与远方的局域网、数据库或处理中心相连接,构成一个较大范围的信息处理系统。局域网可以实现文件管理、应用软件共享、打印机共享、扫描仪共享、工作组内的日程安排、电子邮件和传真通信服务等功能。

使用局域网,安全问题是关键。通常计算机组网的传输媒介主要依赖铜缆或光缆,构成有线局域网。但有线网络在某些场合要受到布线的限制:布线、改线工程量大;线路容易损坏;网中的各节点不可移动。特别是当要把相离较远的节点连接起来时,架设专用通信线路的布线施工难度大、费用高、耗时长,对正在迅速扩大的联网需求形成了严重的"瓶颈"阻塞。无线局域网是利用无线技术实现快速接入以太网的技术。

与有线网络相比,无线局域网主要的优势在于不需要布线,可以不受布线条件的限制,因此非常适合移动办公用户的需要,具有广阔市场前景。目前它已经从传统的医疗保健、库存控制和管理服务等特殊行业向更多行业拓展,开始进入家庭以及教育机构等领域。它可实现移动办公、架设与维护等。

　　有人说无线局域网并不安全是有道理的,因为无线局域网采用公共的电磁波作为载体,而电磁波能够穿越天花板、玻璃、楼层、砖、墙等物体,因此在一个无线局域网接入点的服务区域中,任何一个无线客户端都可以接收到此接入点的电磁波信号。这样,非授权的客户端也能接收到数据信号。也就是说,由于采用电磁波来传输信号,非授权用户在无线局域网(相对于有线局域网)中窃听或干扰信息就容易得多。所以为了阻止这些非授权用户访问无线局域网络,从无线局域网应用的第一天开始便引入了相应的安全措施。

　　实际上,无线局域网比大多数有线局域网的安全性更高。无线局域网技术早在第二次世界大战期间便出现了,它源自军方应用。一直以来,安全性问题在无线局域网设备开发及解决方案设计时,就得到了充分的重视。目前,无线局域网络产品主要采用的是 IEEE (美国电气和电子工程师协会)802.11b 国际标准,大多应用直接序列扩频通信技术进行数据传输,该技术能有效防止数据在无线传输过程中丢失、干扰、信息阻塞及破坏等问题。802.11 标准主要应用三项安全技术来保障无线局域网数据传输的安全。第一项技术是可以将一个无线局域网分为几个需要不同身份验证的子网络,每一个子网络都需要独立的身份验证,只有通过身份验证的用户才可以进入相应的子网络,防止未被授权的用户进入本网络;第二项技术是可在无线局域网的每一个接入点下设置一个许可接入的用户的 MAC 地址清单,MAC 地址不在清单中的用户,接入点将拒绝其接入请求;第三项

为加密技术。因为无线局域网络是通过电波进行数据传输的，存在电波泄露导致数据被截听的风险。

目前的局域网基本上都采用以广播为技术基础的以太网，任何两个节点之间的通信数据包，不仅为这两个节点的网卡所接收，也同时为处在同

□局域网对拷线

一以太网上的任何一个节点的网卡所截取。因此，黑客只要接入以太网上的任一节点进行侦听，就可以捕获发生在这个以太网上的所有数据包，对其进行解包分析，从而窃取关键信息，这就是以太网所固有的安全隐患。

局域网通常会有一些故障：

网络不通。出现这种故障后，先从软件方面去考虑，检查是否正确安装了TCP/IP协议，是否为局域网中的每台计算机都指定了正确的IP地址。看其他的计算机是否连通。如果不通，则证明网络连接有问题；如果能够连通但是有时候丢失数据包，则证明网络传输有阻塞，或者说是网络设备接触不大好，需要检查网络设备。当整个网络都不通时，可能是交换机或集线器的问题，要看交换机或集线器是否在正常工作。如果只有一台电脑网络不通，即打开这台电脑的"网络邻居"时只能看到本地计算机，而看不到其他计算机，可能是网卡和交换机的连接有问题，则要首先看一下RJ45水晶头是不是接触不良。然后再用测线仪，测试一下线路是否断裂。最后要检查一下交换机上的端口是否正常工作。

连接故障。检查RJ45接口是否制作好，RJ45是10BASE-T网络标准中的接口形式，现在被广泛使用，其内部有8个线槽，线槽含义遵循EIA/TIA568国际标准，在10BASE-T网络中1、2线为发送线，3、6线为接收线。在双机进行连接的时候，其中的1、3、2、6线需要对调，否则也会造成网络的不通。检查HUB或者交换机的接头是否有问题，如果某个接口有问题，

可以换一个接口来测试。

　　网卡故障。网卡的问题不太明显,所以在测试的时候最好是先测试网线,再测试网卡,如果有条件的话,可以使用测线仪或者万用表进行测试。查看网卡是否正确安装驱动程序,如果没有安装驱动程序,或者驱动程序有问题,则需要重新安装驱动程序。

　　硬件冲突。需要查看与什么硬件冲突,然后修改对应的中断号和I/O地址来避免冲突,有些网卡还需要在CMOS中进行设置。

　　病毒故障。互联网上有许多能够攻击局域网的病毒,如红色代码、蓝色代码、尼姆达等。某些病毒除了使计算机运行变慢,还可以阻塞网络,造成网络塞车。对付这些新病毒,大多数杀毒软件厂商,例如瑞星、KV3000等都在其主页上设有对付的办法。在这里一定要注意,不要按照平常的杀毒办法杀毒,必须对杀毒软件进行定时的升级。

知识链接

局域网的优点

　　网络建设当中,施工周期最长、对周边环境影响最大的就是网络布线。往往需要破墙掘地、穿线架管。局域网最大的优势就是减少了工作量,一般只要安放一个或多个接入点设备就可建立覆盖整个建筑或地区的局域网络。

　　在有线网络中,网络设备的安放位置受网络信息点位置的限制。而局域网建成后,在无线网的信号覆盖区域内任何一个位置都可以接入网络,进行通讯。

城域网

城域网是在一个城市范围内所建立的采用具有有源交换元件的局域网技术的计算机通信网。它的传输媒介主要采用光缆,传输速率在 100 兆比特/秒以上。通过它可以把同城内不同地点的主机、数据库互相连接起来。

城域网主要在城市范围内使用,依靠 IP 和 ATM 电信技术,以光纤作为传输媒介,集数据、语音、视频服务于一体。它能够满足政府机构、金融保险、大中小学校、公司企业等单位对高速率、高质量数据通信业务日益旺盛的需求,特别是快速发展起来的互联网用户群对宽带高速上网的需求。

城域网络分为三个层次:核心层、汇聚层和接入层。

核心层主要提供高带宽的业务承载和传输,完成和已有网络(如 ATM、FR、DDN、IP 网络)的互联互通,其特征为宽带传输和高速调度。

汇聚层的主要功能是给业务接入节点提供用户业务数据的汇聚和分发处理,同时要实现业务的服务等级分类。

接入层利用多种接入技术,进行带宽和业务分配,实现用户的接入,接入节点设备完成多业务的复用和传输。

城域网采用大容量的 Packet Over SDH 传输技术, 为高速路由和交换提供传输保障。千兆以太网技术在宽带城域网中的广泛应用,使骨干路由器的端口能高速有效地扩展到分布层交换机上。光纤、网线到用户桌面,使数据传输速度达到 100 兆比特/秒、1000 兆比特/秒。

城域网用户端设备便宜而且普及, 可以使用路由器、HUB 甚至普通的网卡。用户只需将光纤、网线进行适当连接,并简单配置用户网卡或路由器的相关参数即可接入宽带城域网。个人用户只要在自己的电脑上安装一块以太网卡,将宽带城域网的接口插入网卡就联网了。安装过程和以前的电话一样,只不过网线代替了电话线,电脑代替了电话机。

技术上为用户提供了高度安全的服务保障。宽带城域网在网络中提供了第二层的 VLAN 隔离,使安全性得到保障。由于 VLAN 的安全性,只有在用户局域网内的计算机才能互相访问,非用户局域网内的计算机都无法通过非正常途径访问用户的计算机。如果要从网外访问,则必须通过正常的路由和安全体系。因此黑客若想利用底层的漏洞进行破坏是不可能的。虚拟拨号的普通用户通过宽带接入服务器上网,经过账号和密码的验证才可以上网,用户可以非常方便地自行控制上网时间和地点。

城域网在技术的使用上具有许多特点:光纤直连。光纤直连技术是指以太网交换机、路由器、ATM 交换机等 IP 城域网网络设备直接通过光纤相连。严格来说这并不是一种城域传输方案,但由于目前在 IP 城域网中已经采用了很多光纤直连的方案,所以我们在这里把光纤直连作为一种传输技术来介绍。IP 城域网设备的光纤接口以点对点方式直连,业务接入设备也通过光纤与骨干设备直接连接。光纤直连技术舍弃了传输设备,方案简单、成本低廉,但有比较明显的缺点:首先,由于没有传输层,光纤质量、性能监测和保护等无法实现。其次,光纤利用率较低,浪费严重,每两个业务接入点需要一对光纤,一个业务接点如果与其他业务接点都有业务互通,光纤数量呈阶乘增长。最后,业务端口压力大。每加入一个新节点,交换机或路由器等 IP 城域网设备就需增加一个接入端口。因此,这种方式只适用于节点数不是很多或节点距离比较近的局域网络等场合。

多业务传送平台技术(MSTP)及特点:由于 SDH/SONET 已经占了传输网络非常大的份额,必然会在以数据通信为代表的 IP 城域网中发挥重要作用。基于技术成熟性、可靠性和总体成本等方面的综合考虑,以 SDH/SONET 为基础的多业务解决方案仍将在可预见的未来扮演重要的角色,这一点在城域网应用领域显得尤为突出。SDH/SONET 环路在网络性能监视、故障恢复及可靠性方面有着得天独厚的优势,非常适合时间敏感型语音业务的需求,同时满足电信级别的高性能要求。然而,SDH/SONET 又是一个以复杂的集中式供应和有限的扩展性为特征的体系结构,难以处理以突发性和不平衡性为特点的 IP 业务。SDH/SONET 技术本身也在不断发展,它的特有优势将在近期内继续得以保持,它将继续在高低端领域以及在支持异步传输模式(ATM)、IP 和以太网透明传输等方面发挥潜力。

改造后的 SDH/SONET 的功能模块,先由各个业务接口模块将多种业务适配映射至不同的 VC,然后通过高低阶的交叉矩阵进行调配,实现支路到支路、支路到线路、线路到线路的全交叉连接。实际上,改造后的 SDH/SONET 设备早已突破了以往 ADM 的模式,支路和线路已无速率上的分别,而只是根据业务的流向来定义。在新一代 SDH/SONET 的平台上还可以加装合波器、分波器、波长变换器等以支持 DWDM(密集型光波复用)的应用。

随着技术的发展和需求的不断增加,业务的种类也不断发展和变化着,从传统的语音业务到图像和视频业务,从基础的视听服务到各种各样的增值业务,从 64Kb/s 的基础服务到 2.5Gb/s、10Gb/s 的租线业务,各种业务层出不穷。不同的业务都有不同的带宽需求,不同的服务需求。

从业务服务质量(QoS)角度上讲,业务大致可以分为以下几种类型:高服务质量的语音业务和视频业务;大客户专线;数据通信网(DCN)的数据业务;各种数据增值业务;互联网业务。

每种类型的业务要求的服务等级不同,安全保护级别也不同。随着互联网业务及各种增值业务的不断发展,城域网要求的带宽也越来越宽,当前的城域网已经成为业务发展的"瓶颈"。此外,多种类型的业务对城域网的综合接入和处理,也提出了较高的要求。总的来说,分组化和宽带化是业务的发展趋势。

未来城域网的作用会体现在更多方面:

互动游戏。"互动游戏网"可以让您享受到 Internet 网上游戏和局域网游戏相结合的全新游戏体验。通过宽带网,即使是相隔 100 千米的同城网友,也可以不计流量地相约玩三维联网游戏。

VOD 视频点播。让你坐在家里利用 WEB 浏览器随心所欲地点播自己爱看的节目,包括电影精品、流行的电视剧集,还有视频新闻、体育节目、戏曲歌舞、MTV、卡拉 OK 等。

网络电视(NETTV)。突破传统的电视模式,跨越时间和空间的约束,在网上实现无限频道的电视收视。通过 WEB 浏览器的方式直接从网上收看电视节目,克服了现有电视频道受地区及气候等多种因素约束的弊病,而且有利于进行一种新型交互式电视剧种——"网络电视剧"的制作和播放。

远程医疗。采用先进的数字处理技术和宽带通信技术,医务人员为远在几百千米或几千千米之外的病人进行诊断和治疗,远程医疗是随着宽带多媒体通信的兴起而发展起来的一种新的医疗手段。

远程会议。异地开会不用出差,也不用出门,在高速信息网络上的视频会议系统中,"天涯若比邻"的感觉得到了最完美的诠释。

家庭证券交易系统。可在家里交互式地进行证券大户室形式的网上炒股,不但可以实时查阅深、沪股市行情,获取全面及时的金融信息,还可以通过多种分析工具进行即时分析,并可进行网上实时下单交易,参考专家股评。

🔖 **知识链接**

城域网与局域网、广域网的区别

局域网或广域网通常是为了一个单位或系统服务的,而城域网则是为整个城市而不是为某个特定的部门服务的。

建设局域网或广域网包括资源子网和通信子网两个方面,而城域网的建设主要集中在通信子网上,其中也包含两个方面:一是城市骨干网,它与全国的骨干网相连;二是城市接入网,它把本地所有的联网用户与城市骨干网相连。

万维网的发明

科普档案　●名称:万维网　　　●特点:因特网的一种,用来浏览网页、提供信息资源

　　万维网是无数个网络站点和网页的集合，它们在一起构成了因特网最主要的部分，万维网是因特网的一种功能，主要通过浏览网页，使人们获得更多的信息资源。

　　凡是经常上网的人,不会不知道"WWW"。输入网址之前,首先要输入这 3 个字母。这 3 个字母,是英语"World Wide Web"首字母的缩写,简称 3W,有时也叫 Web,中文翻译为万维网。

　　20 世纪 40 年代以来,人们就开始致力于建设一个世界性的信息库。在这个数据库中有大量的数据信息,不但可以让全球的人们储存获取,而且还能轻松地链接读取其他各地的信息资源,人们可以方便快捷地获得重要的信息。

　　随着科学技术的突飞猛进,万维网出现,人们建设信息库的梦想已经变成了现实。简单地说,万维网是一个以因特网为基础的计算机网络,它可以让用户在一台计算机上通过因特网存取另一台计算机上的信息。从技术角度上说,万维网是指通过超文本传输协议和 WWW 协议的客户机与因特网服务器集合起来,存取世界各地的各种信息文件,内容包括文字、图像图片、声音、动画、资料库、程序以及各种各样的软件。

　　万维网是一个资料空间。在这个空间中,有用的信息称为"资源"。这些资源通过超文本传输协议(Hypertext Transfer Protocol)传送给使用者,而使用者通过点击链接来获得资源。超文本(Hypertext)通过一个叫做网页浏览器(Web Browser)的程序来显示。网页浏览器从网页服务器取回称为"文档"或"网页"的信息并显示在计算机显示器上。使用者可以跟随网页上的超链

接(Hyperlink)，再取回信息，而且还可以送出数据给服务器。

万维网功能的实现主要是通过内核部分。万维网的内核部分是由三个标准构成的：

统一资源标识符(URL)，这是一个全球通用的给万维网资源定位的系统。

超文本传送协议（HTTP），它负责规定浏览器和服务器之间的信息交流。

□万维网改变世界

超文本标记语言(HTML)，它主要是定义超文本文档的格式和结构。

万维网是建立在客户机/服务器联系交流之上的。总体来说，万维网采用客户机/服务器的工作模式，具体工作流程如下：

(1)用户使用浏览器或其他程序建立客户机与服务器的连接，并发送浏览请求。

(2)Web服务器接收到请求后，返回信息到客户机。

(3)通信完成，关闭连接。万维网以超文本标注语言与超文本传输协议为基础。能够提供面向因特网服务的、一致的用户界面的信息浏览系统。其中万维网服务器采用超文本链路来链接信息页，这些信息页既可放置在同一主机上，也可放置在不同地理位置的主机上；本链路由统一资源定位器(URL)维持，WWW客户端软件(即WWW浏览器)负责信息显示与向服务器发送请求。

万维网是人类历史上影响最深远、最广泛的信息传播平台。它可以使它的用户相互联系，其容纳的人数远远超过我们所有已经存在的传播媒介所能达到的数量。由于万维网是全世界共用的传播软件，有些人认为它可以形成全世界人民的一种共同观念。万维网可以培养人们的相互理解和合作。

今天，万维网使得全世界的人们以前所未有的方式进行相互交流。这让不同年代的人们都通过网络去发展相互之间的关系，或者交流彼此之间的情感经历、政治观点、文化习惯、表达方式、商业建议、艺术、摄影、文学。因此，它已经成为因特网上应用最广和最有前途的软件，并在全世界范围内发挥着越来越重要的作用。

🔷知识链接

"因特网"和"万维网"的区别

　　万维网常被人们与因特网混为一谈，其实，万维网、因特网两者之间是不一样的，万维网与因特网有着很大的差别。因特网是指一个硬件的网络，全球的所有电脑连接网络后便形成了因特网。因此，有人称之为网络的网络，还称为因特网、国际互联网等。因特网提供的主要服务有万维网（WWW）、文件传输（FTP）、电子邮件（E-mail）、远程登录（Telnet）、手机（3GHZ）等。因特网虽然覆盖面广，但它并不是全球唯一的互联网络。

远程办公模式

科普档案　●名称:远程办公　　　　　●特点:操作简单、方便办公、安全连接

远程办公指通过远程控制技术或远程控制软件，对远程电脑进行操作办公，实现在家办公、异地办公、移动办公等远程办公模式。这种技术的主要难点是穿透内网和远程控制的安全性。

远程办公,分"远程"和"办公"两部分,是指通过现代互联网技术,实现非本地办公,如在家办公、异地办公、移动办公等远程办公模式。

广义的远程办公是指,通过虚拟专用网(VPN),在因特网中建立一个临时的、安全的连接,形成一条穿过混乱的公用网络的安全、稳定的隧道,帮助远程用户、公司分支机构、商业伙伴及供应商同公司的内部网建立可信的安全连接,并保证数据的安全传输。

远程办公产品的硬件成本昂贵、维护费用高、配置复杂,所以将一般中小企业拒之门外。为了满足中小企业和个人用户的需求,商家开发出了一些成本相对较低的远程办公软件产品。这类产品在具备远程办公功能的同时,价格低廉,并且操作简单,用户界面更加人性化。

实现远程办公有几种方法:

(1)大城市的用户可选择使用 DSL。因为使用 DSL 只需较低的价格就可以获得较高的速度,对于那些需要经常访问 Internet 的人来说,它是一种非常合适的解决办法。

(2)另外一种是缆线调制解调器,它与 DSL 在价格和速率上相仿,比较适合在人口不密集的地方使用。而且它还没有约 4.8 千米的传输距离限制。

(3)对于那些既不能使用 DSL 又不能使用有线访问的员工而言,可选择使用固定的无线解决方案。虽然有时会有一些延迟,但总的来说,该系统

还是非常的可靠。和前两种解决方案相比，固定的无线解决方案花费要高一些，其速率和前两种方案不相上下。

（4）使用电话线连接。但因为它是模拟信号，所以电话线加调制解调器的速率非常的低。

（5）高速无线调制解调器可以达到128Kbps的传输速率，且速率非常的稳定。对于不经常在固定办公地点的用户而言，是最好的选择。

□远程办公考勤设备

（6）卫星可以提供56Kbps到512Kbps的传输速率，具有非常高的安全性，价格却十分昂贵，只适合在人烟稀少的地方选择使用。

远程办公系统的出现，主要有几点原因：首先，技术的进步和互联网的普及是远程办公系统发展的基本动力。网络速度的不断加快和软件功能的不断扩展，提供了工作者日常办公所需要的条件。其次，跨国公司越来越多，分支机构数量庞大，分支机构与总部的工作与交流也催化了远程办公的发展。另外，目前的交通日益堵塞，再加上石油价格的猛涨，出行成本将会越来越高。这也会促进远程办公的发展。

远程办公对缓解开车上下班所造成的交通堵塞，起到了一定的作用。对于那些面对很大营业成本的大型中心办公室的公司是很有吸引力的。

1973年，尼尔斯正式提出了"远程办公"这个概念。"PC在哪里，你的办公室就在哪里。因为你已经把你的办公资料和你所需要的软件装进了PC里。"这似乎是一个革命性的时刻，尼尔斯对远程办公系统的未来满怀信心："大部分办公室的工作都很混乱，工作被打断次数多得令人难以置信。而远程工作可以让每个工作者的生产效率平均提高5%~20%。"

正是由于尼尔斯的这一提议，越来越多的企业开始尝试远程办公。而一部分软件和系统厂商也看到了其中的市场，纷纷推出远程办公软件和解决方案。于是,远程办公系统踏上了未知的征途。

　　一开始远程办公的发展并没有人们所期盼的那样顺利。因为按照传统的管理方式,管理者可以随时观察到员工的任何行为。而使用远程办公后,员工是借助网络进行远程工作,管理者也只能借助网络进行远程管理,所以管理者必须摆脱原有的管理习惯。

　　通过数十年的发展,远程办公直到20世纪90年代末期,才呈现出规模化的局面。这主要得益于技术的飞速发展和网络的普及。我们相信随着科技的发展,网络技术将为远程办公的发展开拓更美好和更广阔的前景。

■ 知识链接

远程办公系统的意义

　　远程办公系统运用语音邮件、即时通讯、语音聊天、手机短信、通讯加密、数字签名等技术,可以实现快速而又安全的通信。一般的远程办公系统中都会提供名片管理、文档管理、日程管理、会议管理、信息管理、流程管理等日常办公管理中常用的管理工具。提供团队合作平台,控制访问权限,并通过该平台召开视频会议,实现远程协同操作。

电子邮件

●名称:电子邮件　　●特点:电子邮件使用方便,低成本,速度快

电子邮件指利用电子手段传送信件、资料的通信方法。电子邮件是整个网络间直接面向人与人之间信息交流的系统。它的数据发送方和接收方都是人,所以使人与人之间存在的大量通信需求得到了极大的满足。

电子邮件(Electronic Mail),是一种用电子手段提供信息交换的通信方式。电子邮件是目前 Internet 使用范围最广的服务,用户可以通过电子邮件系统用低价的成本、快速的方式,与世界上任何一个 Internet 用户传递文字、图像、声音等邮件内容。电子邮件兼具了电话通信和邮政信件两者的特点,它可以像信件一样传送文字信息,也可以像电话一样快速传送。它的原理跟我们日常生活中的邮件一样,当我们发送电子邮件时,这封邮件是由邮件发送服务器发出,服务器根据收信人的地址来判断对方的邮件接收服务器,然后再将这封信发送到该服务器上,收信人收取邮件也只能通过这个服务器才能收取。目前主要的电子邮件服务器有以下几种:

1.基于 Postfix/Qmail 的邮件系统

2.微软的 Exchange 邮件系统

3.IBM Lotus Domino 邮件系统

4.Scalix 邮件系统

5.Zimbra 邮件系统

6.MDeamon 邮件系统

7.U-Mail 邮件系统

中小企业中使用数量最多的是 Exchange 邮件系统, 因为它便于管理。大型企业使用较多的则是综合功能较强的 IBM Lotus Domino 邮件系统。基

于 Postfix 的邮件系统性能非常高,而且安全性很好,同时软件是免费开发的,但依靠较强的技术力量才能实现使用。

电子邮件从产生到现在,经历了 40 年左右的时间,关于世界上第一封电子邮件的产生,现在有两种说法:

第一种说法:第一封电子邮件是 1969 年 10 月计算机科学家 Leonard K. 教授发给他的同事的一则短消息,这条消息只有两个字母:"LO"。Leonard K. 教授因此被称为"电子邮件之父"。

Leonard K.教授曾经解释说,"当年我试图通过一台位于加利福尼亚大学的计算机和另一台位于旧金山附近斯坦福研究中心的计算机联系。我们所做的事情就是从一台计算机登录到另一台计算机。当时登录的办法就是键入 L-O-G。于是我键入 L,然后问对方:'收到 L 了吗?'对方回答:'收到了。'然后依次键入 O 和 G。还未收到对方收到 G 的确认回答,系统就瘫痪了。所以第一条网上信息就是'LO',意思是'你好!'"

第二种说法:1971 年麻省理工学院博士 Ray Tomlinson 正为美国国防部资助阿帕网工作,当时迫切需要一种能够借助于网络在不同的计算机之间传送数据的方法,于是 Ray Tomlinson 把一个可以在不同的电脑网络之间进行拷贝的软件和一个仅用于单机的通信软件进行了功能合并,然后使用这个软件在阿帕网上发送了第一封电子邮件,于是电子邮件诞生了。Tomlinson 选择"@"符号作为用户名与地址的间隔,因为这个符号比较生僻,任何一个人的名字都不会使用这个符号。

中国第一封电子邮件诞生于 1987 年 9 月 20 日,是由"德国互联网之父"维纳·措恩与王运丰共同合作发送的。这封电子邮件是从北京的计算机应用技术研究所发往德国卡尔斯鲁厄大学,其内容为英文,意思如下:

□电子邮件

原文：Across the Great Wall we can reach every cornerin the world。

中文大意：跨越长城，走向世界。

这是中国通过北京与德国卡尔斯鲁厄大学之间的网络连接，向全球科学网发出的第一封电子邮件。

虽然最早的电子邮件是在70年代发明的，但是却在80年代才逐步发展起来。发展缓慢的原因是由于当时使用Arpanet网络的人太少，而网络的速度也仅为目前标准速度的1/20。受网络速度的限制，用户只能发送些简短的文字信息；到80年代中期，个人电脑逐步兴起，电子邮件开始在电脑迷以及学生中迅速传播起来；到90年代中期，互联网浏览器诞生，全球网民人数大量增加，电子邮件功能也越来越强大，除了发送文字信息以外，还可以发送大量的照片。

电子邮件的第一个程序是Euroda，是由史蒂夫·道纳尔在1988年编写的。由于Euroda是第一个有图形界面的电子邮件管理程序，所以很快就受到各公司和大学生的喜爱。然而Euroda并没有流行太长的时间，随着互联网的发展，Netscape和微软相继推出了它们的浏览器和相关程序。微软和它开发的Outlook取代了Euroda。

我们的生活已经离不开电子邮件,如何选择一个好的服务器？如何选择一个适合自己使用的服务器？选择之前要明白使用电子邮件的目的是什么,根据自己不同的目的有针对性地去选择。

如果是经常和国外的客户联系,建议使用国外的电子邮箱。比如Gmail、Hotmail、MSN mail、Yahoo mail 等。

如果是想当作网络硬盘使用,经常存放一些图片资料等,那么就应该选择存储量大的邮箱, 比如 Gmail、Yahoo mail、网易 163 mail、126 mail、yeah mail、TOM mail、21CN mail 等都是不错的选择。

如果自己有计算机,那么最好选择支持 POP/SMTP 协议的邮箱。

总之,选择电子邮件要从信息安全、反垃圾邮件、防杀病毒、邮箱容量、稳定性、收发速度、能否长期使用、邮箱的功能、使用是否方便、多种收发方式等方面综合考虑。每个人可以根据自己的需求,选择最适合自己的邮箱。

📘 知识链接

互联网上的电子邮局

通常因特网上的个人用户不能直接接收电子邮件,而是通过申请 ISP 主机的一个电子信箱, 由 ISP 主机来负责电子邮件的接收工作。ISP 主机就像一个"邮局",管理着所有用户的电子信箱。每个用户的电子信箱实际上就是用户自己申请使用的账号名。一旦有用户的电子邮件到来,ISP 主机就将邮件移到用户的电子信箱内,并通知用户。

网络侵权

科普档案 ●**名称**:网络侵权　●**特点**:属于民事侵权行为,界定困难,随着互联网的变化而变化

作为在网络环境下所发生的侵权行为,与现实生活中的侵权行为本质上是一样的,网络侵权人应负相应的民事责任。不同的是,网络侵权变化无常,法规的制约远远跟不上其脚步。

网络侵权,是指在网络环境下所发生的侵权行为。网络侵权行为与传统侵权行为在本质上是相同的,即行为人由于过错侵害他人的财产和人身权利,依法应当承担民事责任的行为,以及依法律特别规定应当承担民事责任的其他致人损害行为。网络侵权行为按主体可分为网站侵权(法人)和网民(自然人)侵权,按侵权的主观过错可分为主动侵权和被动侵权,按侵权的内容可分为侵犯人身权和侵犯财产权。

网络空间是一个虚拟空间,但它并不是虚幻的,是依赖于现实社会的客观存在,网络中依然存在侵犯人格权的违法行为。就目前的情况来看,对网上侵犯名誉权、肖像权、姓名权的行为,只要受害人能拿起法律武器追究侵权人的责任,其合法权益就能够得到保护。我国早在 1996 年 4 月便出现了首例在 Internet 上侵犯公民姓名权的案件。受网络技术冲击最大的是隐私权的保护。网络生存使私人领域公共化。私人领域具有排他性、独占性、非竞争性,但媒网覆盖、个人对个人的交流却把私人领域演化为公共注目下的社会产品,任何信息一旦进入网络就有可能在全球范围内广为传播,可以说网络上毫无隐私可言。

在当今这个物质文明高度发展的社会,每一个具有完整人格的人都有独立生活在社会上并保持其人格尊严不受侵犯的权利;只要其所作所为对社会无害,社会就应当尊重其有关私人生活的秘密,法律就理应为保护其

私人生活秘密提供依据。从我国的立法状况来看,许多法律法规都有关于隐私权的内容。我国《宪法》规定,"中华人民共和国公民的住宅不受侵犯。禁止非法搜查或者非法侵入公民的住宅。""中华人民共和国公民的通信自由和通信秘密受法律保护。"最高人民法院《关于贯彻执行〈中华人民共和国民法通则〉若干问题的意见(试行)》第140条规定,"以书面、口头等形式宣扬他人的隐私,或者捏造事实公然丑化他人人格以及用侮辱、诽谤等方式损害他人名誉,造成一定影响的,应当认定为侵害公民的名誉权的行为。"《关于审理名誉权案件若干问题的解答》第七条第三款明确指出,"对未经他人同意,擅自公布他人隐私致人名誉受到损害的,应认定为侵害他人名誉权。"此外,1997年12月8日施行的《中华人民共和国计算机信息网络国际联网管理暂行规定实施办法》,1997年12月30日生效的《计算机信息网络国际联网安全保护管理办法》,2000年12月28日通过的《全国人民代表大会常务委员会关于维护互联网安全的决定》均规定网络上的隐私权受法律保护。由此看出,隐私权在我国法律上不仅逐渐凸显为一种具体的人格权,而且在网络环境下也受到法律的关注和保护。

个人数据、个人私事、个人领域是隐私权的三种基本形式,其中以个人数据为特定形式的隐私权保护尤显突出和重要。对个人数据的概念,不同国家的法律有不同的陈述。英国1984年的《数据保护法》给个人数据下的定义是:"个人数据是由有关一个活着的人的信息组成的数据,对于这个人,可以通过该信息或者通过数据用户拥有的该信息的其他信息识别出来,该信息包括对有关该个人的评价,但不包括对该个人数据用户表示的意图。"欧洲理事会在1992年的《理事会数据保护条例》修改建议稿中规定:"个人数据是指有关一个可识别的自然人的任何信息,不局限于以可处理形式存在的信息,它包括任何种类和任何形式的信息,只要这种信息是有关个人的,不论是活着的人或死去的人;并且只要这个人或者这些人是可以识别的。"此外,瑞典、加拿大、美国等许多国家都对个人数据作了类似的规定。

信息处理和传播手段的不断发展和计算机网络的广泛应用,使个人数据能通过计算机系统在全球范围内收集、传输和利用,给人们的工作研究提供了方便,同时也使得个人数据的网上保护问题变得日益严峻。在网上,个人数据随时都有受侵害的危险。电子邮件可能被黑客截获、浏览、篡改和删除;网上购物填写售后服务卡之后,无数的广告宣传单就会蜂拥而至;许多网络服务提供者能够收集到有关用户的各种信息;在网上接受社会调查时,往往会不经意地泄露个人嗜好、收入等不愿为人所知的事情。此外,根据信息的效益递增规律,当掌握的信息在质和量上达到一定程度后,该信息就会给掌握者带来效益,并且效益的递增率随信息的应用范围的扩大而不断上升。因此当掌握了足够多的信息之后,一些人经不住金钱的诱惑,以身试法非法获取、泄露、使用个人数据也就不足为奇了。

目前,个人数据的网上保护已成为人们普遍关注的一个焦点,而且会随着网络的不断发展日益尖锐。许多国家纷纷适应网络时代的客观要求将个人数据纳入法律保护的范围,但在我国个人数据对大多数人来说还是一个陌生的词语,在立法上仍是一个空白,因此我们应借鉴其他国家的立法经验尽快就个人数据的有关内容予以规定,从而为人们的合法权益提供周密的保护。

自 1709 年世界上公认的第一部版权法《安娜法》问世以来，版权制度一直随着传播技术和方式的发展而发展；无线电广播、电视、卫星传播等新技术的出现，既对版权制度不断提出挑战，同时也推动着版权保护制度的发展和完善。当前网络作为继报刊、广播、电视之后出现的第四媒体，已日渐成为一种重要的版权作品传播方式。随着网络的广泛应用，网上侵犯著作权的行为层出不穷，如许多网站未经著作权人同意擅自将其作品上传到网络中；未与新闻单位签订许可使用合同，擅自转载新闻单位发布的新闻；在网上传播走私盗版的音像制品等。与此相应，法院受理的涉网著作权纠纷案件日益增多。我国《著作权法》颁布时，网络在中国还处于萌芽阶段，对此类案件尚无规定，因此在司法实务界和学术界引起了有关法律适用问题的争论。面对紧迫的形势，《最高人民法院关于审理涉及计算机网络著作权纠纷案件适用法律若干问题的解释》于 2000 年 12 月 21 日起施行。该司法解释规定了网络著作权侵权纠纷案件管辖地的确定；将数字化作品纳入著作权保护的范围，明确了数字化传播是作品的使用方式之一；根据不同情况规定了网络服务提供者的侵权责任。

📗知识链接

侵权行为的界定

随着互联网的发展，侵权行为越来越难以认定。网络服务提供者是网络环境下所特有的主体，网络的运行离不开网络服务提供者的参与，因此网络服务提供者往往会卷入大量的网上侵权纠纷中。而且在网上人们可以自由使用根据自己爱好所起的名字甚至匿名，这就给实践中侵权人的认定带来了技术上的难题。侵权行为适用被告所在地法或侵权行为地法是各国法院的普遍做法。

互联网

互联网是全球性的。这就意味着我们目前使用的这个网络,是属于全人类的。这种"全球性"并不是政治意义上的内容,而是一种能够联系整个世界任何角落任何人群的技术内容。互联网是 20 世纪最伟大的发明。

互联网,包括广域网、局域网及单机按照一定的程序组成的国际计算机网络,依靠计算机信息技术,将两台计算机或者是两台以上的计算机的终端、客户端、服务端互相联系起来,人们可以相互交流、学习。

互联网也是一个面向公众的社会性组织。世界各地的人们可以利用互联网进行各种信息交流和共享。互联网体现了人类无私的奉献精神,互联网使人们学会如何更好地和平共处。互联网是人类社会有史以来第一个世界性的图书馆和第一个全球性论坛,这个庞大的信息平台,任何人,在任何时候,都可以参加,不会由于不同的肤色、不同的宗教信仰而被排挤。通过网络信息的传播,全世界任何人,不分国籍、种族、性别、年龄、贫富,互相传送知识,发表意见。像蒸汽机引发工业革命一样,互联网正在对人类社会的文明起着越来越大的作用,它将极大地促进人类社会的进步和发展。

互联网的发明与军事有关,初衷是为了提供一个固定通信网络,即使一些地点遭到核武器摧毁也能正常通讯。可以说它是专为计算机专家、工程师和科学家设计的,但它使用起来却十分复杂。

1960 年美国国防部出于冷战考虑建立的 ARPA 网(国防前沿研究项目署网),引发了技术进步,1973 年 ARPA 网扩展成互联网,第一批接入的有英国和挪威计算机。

1974 年 ARPA 的鲍勃·凯恩和斯坦福的温登·泽夫提出 TCP/IP 协议

（传输控制协议/因特网互联协议），定义了在网络之间传送报文的方法。1983年1月1日，ARPA网将其网络核心协议改变为TCP/IP协议。

1986年，美国国家科学基金会（National Science Foundation, NSF）建立了网络NSFNET，迈出了互联网历史上重要的一步。在1994年，NSFNET变为商业运营。

1990年开始，整个网络向公众开放。

1996年，"Internet"（互联网）一词被广泛地流通，不过是指万维网。

互联网接着成功地容纳了大多数计算机网络，形成了一个较为统一的网络结构。

事实上，目前的互联网还远远没有发挥出它的功能。因为互联网的传输速度不够，更重要的是互联网还一直在发展、变化。因此，任何对互联网的技术定义也只能是暂时的。

互联网的出现是人类通信技术的一次革命，其发展完全证实了网络的传媒特性。一方面，互联网作为一种传媒，是私人之间极好的通信工具。例如电子邮件的出现，使得人与人的交流更加方便。

另一方面，作为一种广义的、宽泛的传媒，互联网通过实现大量的网站访问，起到了真正的大众传媒的作用。

作为互联网的功能之一的网页，实质上就是出版物，与印刷出版物相比较，网页具有印刷出版物所不具有的许多特点。

首先，网页的成本便宜。在纸张非常紧张的情况下，网页的优点就凸显出来了。因为，网页只是一种电子出版物，建立网页并不需要纸张，网页还可以随时修改、随时上传。

网页的另一个优点是受众面广。一个好的网页通常每天

□互联网

都有几万、甚至几十万人次的点击率。

其次，网页的传播速度也是传统出版物所不具备的。传统出版物从编辑、排版、印刷到发行都需要耗费时间，而网页则非常快速，只要放在网上就行了，无须太多时间。互联网上影响最大的新闻网页（美国有线新闻网）都是每小时更新一次，读者随时可以看到新鲜的内容。

而且，由于网页使用的是超文本文件格式，通过链接的方式连接到与网页相关的内容。不管是进行研究，还是休闲浏览，都可以很方便快速地搜索。

目前互联网在我们的现实生活中应用非常广泛。在互联网上我们可以聊天、玩游戏、查阅资料、广告宣传和购物，互联网已经渗透到我们生活中的各个角落。

随着互联网的发展，出现了网民这个称呼，网民就是指经常上网的人。20 世纪 90 年代末，互联网在中国逐步兴起，中国网民规模呈现持续快速发展的趋势。

2008年6月底，中国网民数量达到2.53亿人，跃居世界第一位，比上年同期增长了9100万人。越来越多的人认识到互联网的作用，随着上网成本的降低和居民收入水平的提高，互联网逐渐走进千家万户。目前全球互联网普及率最高的是冰岛，网民占全国居民的85.4%。中国的邻国韩国、日本的普及率分别为71.2%和68.4%，俄罗斯互联网普及率则是60.8%。由此可见，中国与互联网发达国家还存在较大差距；这种互联网普及状况说明，中国的互联网处在上升阶段，有很大的发展潜力。

截至2009年，中国的网民数量已经达到3.84亿，互联网普及率为28.9%，高于世界平均水平。

根据2012年1月16日中国互联网络信息中心（CNNIC）在京发布的《第29次中国互联网络发展状况统计报告》显示，截至2011年12月底，中国网民规模突破5亿，达到5.13亿，全年新增网民5580万。互联网普及率较上年底提升4个百分点，达到38.3%。

知识链接

互联网中的低俗内容

互联网上出现的不符合我国法律法规的内容，容易诱发青少年不良思想行为和干扰青少年正常学习生活的内容，侵犯他人隐私的内容，包括走光、偷拍、露点，以及利用网络恶意传播他人隐私的信息等；包括直接或隐晦表现人体性部位、性行为，具有挑逗性或污辱性的图片、音视频、动漫、文章等；包括宣扬血腥暴力、凶杀、恶意谩骂、侮辱诽谤他人的信息；非法的性用品广告和性病治疗广告，以及散布色情交易、不正当交友等信息；违背正确婚恋观和家庭伦理道德的内容，都属于低俗内容。这些低俗内容的出现是伴随着互联网的产生而产生的，随着互联网环境的日益成熟，这些低俗内容将会消失。

万能的搜索引擎

科普档案 ●**名称**:搜索引擎　　●**特点**:运用计算机程序,快速检索信息,为用户提供信息服务

搜索引擎是指根据一定的策略、运用特定的计算机程序从互联网上搜集信息,在对信息进行组织和处理后,为用户提供检索服务,将用户检索的相关信息展示给用户的系统。百度和谷歌等是搜索引擎的代表。

搜索引擎主要是为用户提供检索服务,将检索出的相关信息展示给用户。搜索引擎一般由搜索器、索引器、检索器和用户接口四个部分组成:搜索器的功能是在互联网中漫游、发现和搜集信息;索引器的功能是理解搜索器所搜索到的信息,从中抽取出索引项,用于表示文档以及生成文档库的索引表;检索器是根据用户的查询在索引库中快速检索文档,进行相关度评价,对将要输出的结果排序,并能按用户的查询需求合理反馈信息;用户接口是接纳用户查询、显示查询结果、提供个性化查询项。

搜索引擎包括全文索引、目录索引、元搜索引擎、垂直搜索引擎、集合式搜索引擎、门户搜索引擎与免费链接列表等。

全文搜索引擎是目前广泛应用的主流搜索引擎,国外代表有Google,国内则有著名的百度。它们从互联网提取各个网站的信息(以网页文字为主),建立起数据库,并能供用户检索。

根据搜索结果来源的不同,全文搜索引擎可分为两类,一类拥有自己的检索程序,俗称"机器人"(Robot)程序,能自建网页数据库,搜索结果直接从自身的数据库中调用,上面提到的Google和百度就属于此类;另一类则是租用其他搜索引擎的数据库,并按自定的格式排列搜索结果。

目录索引虽然有搜索功能,但严格意义上不能称为真正的搜索引擎,只是按目录分类的网站链接列表而已。用户完全可以按照分类目录找到所

需要的信息,不依靠关键词进行查询。目录索引中最具代表性的是Yahoo、新浪分类目录搜索。

与全文搜索引擎相比,目录索引有许多不同之处。

首先,搜索引擎属于自动网站检索,而目录索引则完全靠人工操作。用户提交网站后,目录编辑人员会亲自浏览你的网站,然后根据一套自定的评判标准决定是否接纳你的网站。其次,搜索引擎收录网站时,只要网站本身没有违反有关的规则,一般都能登录成功。而目录索引对网站的要求则高得多,有时即使登录多次也不一定成功。最后,搜索引擎中各网站的有关信息都是从用户网页中自动提取的,所以从用户的角度看,我们拥有更多的自主权。

元搜索引擎是指接受用户查询请求后,同时在多个搜索引擎上搜索,并将结果返回给用户。中文元搜索引擎中具有代表性的是搜星搜索引擎。

垂直搜索引擎为2006年后逐步兴起的一类搜索引擎。不同于通用的网页搜索引擎,垂直搜索适用于特定的搜索领域和搜索需求,相比其他搜索,垂直搜索需要的硬件成本低、用户需求特定、查询的方式多样。

集合式搜索引擎类似元搜索引擎,区别在于它并非同时调用多个搜索引擎进行搜索,而是由用户从提供的若干搜索引擎中选择。

门户搜索引擎自身既没有分类目录也没有网页数据库,其搜索结果完全来自其他搜索引擎。

免费链接列表一般只简单地滚动链接条目,少部分有简单的分类目录,不过规模要比Yahoo等目录索引小很多。

任何一种搜索引擎都有自己的网页,顺着网页中的超链接,连续地抓取网页。被抓取的网页被称之为网页快照。由于互联网中超链接的应用很普遍,理论上,从一定范围的网页出发,就能搜集到绝大多数的网页。搜索引擎抓到网页后,还要做大量的预处理工作,才能提供检索服务。其中,最重要的就是提取关键词,建立索引文件。其他还包括去除重复网页、分词(中文)、判断网页类型、分析超链接、计算网页的重要程度等。

搜索引擎是网站建设中针对"用户使用网站的便利性"所提供的必要

功能,同时也是"研究网站用户行为的一个有效工具"。高效的站内检索可以让用户快速准确地找到目标信息,从而更有效地促进产品服务的销售,而且通过对网站访问者搜索行为的深度分析,对于进一步制定更为有效的网络营销策略具有重要价值。

事物发展每一次的合与分都是代表着更高级更先进。同样,搜索引擎从最初可以用文件名查找整个互联网中文件的系统,发展到 Yahoo 早期一种手工录入的分行业的目录检索。随着搜索技术的发展,元标记搜索、全文搜索重新又把整个互联网的信息整合起来提供给用户,目前提供的就是一种整个互联网的全文搜索,这种整合信息的搜索也称为水平搜索。这种水平全文搜索固然可以把网络中的所有相关信息提供给用户,但这种"所有"不代表是用户所需的"所有",往往夹杂着许多垃圾信息。问题出现就需要去解决,如果平常使用搜索引擎比较全面,你会发现搜索图片等这些专业化、行业化的搜索,也称为垂直搜索。当前垂直搜索正在逐渐走向丰富化、专业化、行业化,将越来越满足人们的搜索需求。比如很多人在搜索问题时会到百度知道里搜索,因为那里更有针对性;搜索天气会到天气搜索中等。

搜索引擎的下一步发展是什么?想一下搜索引擎的定义:一个系统,能从大量信息中找到所需的信息,提供给用户。根据技术的不断发展和事物规律畅想一下,垂直搜索发展到一定程度会出现信息的单一专业化太强,整体信息综合化不好,而人们需要的不但要有专业信息,同样也要有整体联想信息。随着人工智能、神经网络、网格计算等搜索技术的发展,我们又将有一个能整合互联网信息,智能地提供给用户确实所"需"的信息,而不简单只是所"要"的信息,因为很多时候搜索时,我们自己都不知道要什么。

再回到现在的搜索引擎,它就像一只神奇的手,从杂乱的信息中抽出一条清晰的检索路径。这个引擎提供给用户的最后一步是什么?是一条清晰的检索路径。好的,注意这是一条检索路径,在这条路径上检索和提取的信息是什么呢?是我们的阅读和大脑的判断。也就是说搜索引擎的最后一步是我们的大脑。得到的这条路径清晰但也并不简短,需要我们进行快速地浏览,呵呵,绕来绕去,得出一个结论,快速阅读也是搜索引擎中的一部分。

　　随着互联网的发展，网上可以找到的网页变得越来越多，难免鱼龙混杂、泥沙俱下，质量很难保证。所以，未来的搜索引擎将会朝着健康型、知识型搜索引擎的方向发展。

📖**知识链接**

搜索引擎对生活的影响

　　在网吧里各个电脑浏览器首页或工具条上都有谷歌或百度的标志。百度还推出网吧联盟，可见搜索引擎对网吧场所格外重视。我们常用的搜索引擎就是百度和谷歌两种。百度联盟算是目前能够覆盖所有网吧和几乎所有主流网吧软件的媒体运营平台。谷歌后来也注意到了网吧市场，在网吧的首页和工具条上也出现谷歌的标志。网吧作为网民主要上网场所的比例逐年上升，超过 1/3（37.2%）的网民表示经常去网吧上网，这种市场特点吸引了搜索引擎对中国市场的关注。

办公软件

科普档案 ●**名称:**办公软件　　　　●**特点:**操作简单、功能齐全细化、专门化,适用于不同行业

软件可分为专用软件和通用软件。办公软件属于专用软件的一种,最早是微软公司开发的专门为办公人员使用的软件,目前办公软件朝着操作简单、功能能齐全、智能化、方便化的方向发展。

办公软件指可以进行文字处理、表格制作、幻灯片制作、简单数据库的处理等方面工作的软件。包括微软 Office 系列、金山 WPS 系列、永中 Office 系列、红旗 2000RedOffice、致力协同 OA 系列等。专用的软件如 PS、DW。目前办公软件的应用范围很广,大到社会统计,小到会议记录,数字化的办公,都离不开办公软件的协助。目前办公软件朝着操作简单化、功能细化等方向发展。另外,政府用的电子政务,税务用的税务系统,企业用的协同办公软件,这些都叫办公软件。

目前办公软件的种类有很多。

Auto CAD:是美国 Autodesk 公司首次于 1982 年生产的自动计算机辅助设计软件,用于二维绘图、详细绘制、设计文档和基本三维设计。现已成为国际上广为流行的绘图工具。dwg 文件格式成为二维绘图的标准格式。

金山 WPS:WPS 经过 10 年的发展,功能强大且小巧方便。使用更加符合国人习惯,目前各地政府机构都是用正版的 WPS 软件。

红旗 2000RedOffice:RedOffice 是国内首家跨平台的办公软件,包含文字、表格、幻灯片、绘图、公式和数据库六大组件。从文字撰写到报表编制、图表分析、幻灯演示等各类型文档均可以轻松制作。

微软 Office 系列:老牌的办公软件属商业版本,功能强大,但是资源消

耗过多依然是最大的问题。2008 年 10 月,微软出台了新版的 WGA(正版增值计划),对盗版 Microsoft Office 系列软件会加注"不是正版"的提示字样。由于中国大陆盗版猖獗,于是完全兼容 Microsoft Office、全免费的国产软件 WPS Office 2007 再度引人注意,下载量和用户量急速飙升。

2008 年 11 月 18 日,"WPS2009 体验版"发布。

2009 年 5 月 1 日,"WPS2009 正式版"发布。

永中 Office 系列:完全自主知识产权 Office 办公软件,实现文字处理、表格制作、幻灯片制作等功能,精确双向兼容微软 doc、docx 等格式。

乐马的协同办公系统:WPS(Word Processing System,意为文字处理系统)是金山软件公司的一套办公软件。最初出现于 1988 年,在微软 Windows 系统出现以前,DOS 系统盛行的年代,WPS 曾是中国最流行的文字处理软件。

WPS 原是一直在 DOS 操作系统下运行的文字处理软件。开发商的目标市场为中国内地的计算机用户。在 20 世纪 90 年代初期,WPS 在中国很流行。在 Windows 95 发布前,WPS 保持了很大的用户集体。由于当时中国内地盗版很普遍,用户多不代表多盈利。

当微软的 Windows 95 和 Office 95 进入中国市场后,WPS 的势力与销售慢慢地走下坡路。由于相对强烈的国外竞争和高层次的国内盗版,金山软件在 1995 年末几乎破产。金山软件的总软件设计师求伯君为金山软件的未来着想,用自己的财产,注入金山软件 400 万人民币。从此,金山软件开始开发 WPS 97,以 Microsoft Windows 为平台。WPS 97 在 1997 年出版,但是 Office 97 的竞争力很强,WPS 几乎没有复活。因为种种原因,用户不愿转用 WPS 97。由于 Office 97 已经有很大的市场,功能比 WPS 97 强大得多,而 WPS 97 只是一个文字处理器,没有自己的电子表格和演示文稿程序,用户不想转换。

2001 年 5 月,金山软件出版了 WPS Office,新的 WPS 版本,包括电子表格和演示文稿,其功能还是不如当时的 Office 2000。

2002 年,WPS Office 2002 出版并且增添了电邮程序。WPS Office 2002

很详细地设计了与微软 Office 相似的界面和功能。大多用户欢迎此举,因为这样大量减少了软件转移的学习或训练功夫。

办公软件的应用原理离不开计算机软件的性能支持。软件是用户与硬件之间的接口界面。用户主要是通过软件与计算机进行交流。软件是计算机系统设计的重要依据。为了方便用户,为了使计算机系统具有较高的总体效用,在设计计算机系统时,必须通盘考虑软件与硬件的结合,以及用户的要求和软件的要求。

计算机软件总体分为系统软件和应用软件两大类:

系统软件是各类操作系统,如 Windows、Linux、UNIX 等,还包括操作系统的补丁程序及硬件驱动程序,都是系统软件类。

系统软件是负责管理计算机系统中各种独立的硬件,使得它们可以协调工作。系统软件使得计算机使用者和其他软件将计算机当作一个整体,而不需要顾及底层每个硬件是如何工作的。

一般来讲,系统软件包括操作系统和一系列基本的工具,比如编译器、

□linux系统的可爱小企鹅壁纸

数据库管理、存储器格式化、文件系统管理、用户身份验证、驱动管理、网络连接等方面的工具。

应用软件是为了某种特定的用途而被开发的软件。它可以是一个特定的程序,比如一个图像浏览器;也可以是一组功能联系紧密、可以互相协作的程序的集合,比如微软的 Office 软件;也可以是一个由众多独立程序组成的庞大的软件系统,比如数据库管理系统。应用软件可以细分的种类就更多了,如工具软件、游戏软件、管理软件等都属于应用软件类。较常见的有:文字处理软件如 WPS、Word 等、信息管理软件、辅助设计软件如 Auto-CAD 实时控制软件和教育与娱乐软件。

软件开发是根据用户要求建造出软件系统或者系统中的软件部分的过程。软件开发是一项包括需求捕捉、需求分析、设计、实现和测试的系统工程。

软件一般是用某种程序设计语言来实现的。通常采用软件开发工具可以进行开发。计算机软件都是用各种电脑语言(也叫程序设计语言)编写的。最底层的叫机器语言,它由一些 0 和 1 组成,可以被某种电脑直接理解,但人就很难理解。上面一层叫汇编语言,它只能由某种电脑的汇编器软件翻译成机器语言程序,才能执行。人能够勉强理解汇编语言。人常用的语言是更上一层的高级语言,比如 C,Java,Fortran,BASIC。这些语言编写的程序一般都能在多种电脑上运行,但必须先由一个叫作编译器或者是解释器的软件将高级语言程序翻译成特定的机器语言程序。编写计算机软件的人员叫程序设计员、程序员、编程人员,他们当中的高手有时也自称为"黑客"。

由于机器语言程序是由一些 0 和 1 组成的,它又被称为二进制代码。汇编语言和高级语言程序也被称为源码。在实际工作中,一般来讲,编程人员必须要有源码才能理解和修改一个程序。很多软件厂家只出售二进制代码。近年来,国际上开始流行一种趋势,即将软件的源码公开,供全世界的编程人员共享,这叫"开放源码运动"。

不同的软件一般都有对应的软件许可,软件的使用者必须在同意所使用软件的许可证的情况下才能够合法地使用软件。从另一方面来讲，某种特定软件的许可条款也不能够与法律相抵触。

　　未经软件版权所有者许可的软件拷贝将会引发法律问题，一般来讲，购买和使用这些盗版软件也是违法的。

　　当中华人民共和国加入世界贸易组织时，政府部门需要停止使用盗版软件。金山软件公司在中央和地方政府采购中多次击败微软公司。现在的中国内地政府和机关，很多都装有 WPS Office 办公软件。

📖**知识链接**

计算机软件与硬件的不同

　　计算机硬件有形，有色，有味，看得见，摸得着，闻得到。而软件无形，大多存在于人们的脑袋里或纸面上，它是好是坏，要到程序在机器上运行才能知道。软件是开发，是人的智力的高度发挥，不是传统意义上的硬件制造。尽管软件开发与硬件制造之间有许多共同点，但这两种活动是根本不同的。

　　硬件产品允许有误差，而软件产品却不允许有误差。

网上聊天工具

科普档案 ●**名称**:聊天工具　　●**特点**:即时性、互动性强、不受地域距离的限制、在线交流

聊天工具又称 IM 软件或者 IM 工具，提供给基于互联网络的客户端进行实时语音、文字传输。主要分为基于服务器的 IM 工具软件和基于 P2P 技术的 IM 工具软件。目前最受欢迎的有 QQ、MSN、ICQ 等。

聊天工具是一种可以让使用者在网络上建立某种私人聊天室的实时通讯服务。大部分的即时通讯服务提供了联络人名单、联络人是否在线及能否与联络人交谈等信息。只要两个人都同时在线，就能像多媒体电话一样，传送文字、档案、声音、影像给对方，只要有网络，无论对方在天涯海角，或是双方隔得多远都没有距离。目前在互联网上受欢迎的即时通讯软件包括 QQ、MSN Messenger、Yahoo! Messenger、Jabber、ICQ 等。

Jabber 是一个以 XML 为基础，跨平台、开放原始码，且支持 SSL 加密技术的实时通信协议。Jabber 的开放式架构，让世界各地都可以拥有 Jabber 的服务器，不再受限于官方。不仅如此，一些 Jabber 的爱好者，还尽心研发出 Jabber 的协议转换程序，让 Jabber 使用者还能与其他实时通讯程序的使用者交谈。

IRC 就是以交谈为基础的多人在线系统。在 IRC 之中，可以好几个人加入某个相同的频道，来讨论相同的主题，这样的频道，我们称之为 channel，当然，一个人可以加入不止一个频道，这点与 News 的特色是非常类似的。IRC 是由芬兰的 Jarkko Oikarinen 在 80 年代晚期所发展的，起初的目的，是要让他的布告栏(bulletinboard)使用者除了可以看文件之外，还可以进行在线实时的讨论。至今，已经有超过 60 个国家使用这套系统。

ICQ 的意思是:I Seek You(我找你)。1996 年 11 月，第一版 ICQ 产品在

Internet 上发表,立刻被网友们接受,然后就像传道一样,一传十,十传百的在网友间互相介绍这样产品。由于反映出奇的好,创造了一个刚成立不久的公司在 Internet 历史上就拥有最大下载率的奇迹。到了 1997 年 5 月就有 85 万个使用者注册,在一年半后,就有 1140 万个使用者注册,其中有 600 万人在使用 ICQ,每天还有将近 6 万人进行注册。1998 年 6 月,美国知网络服务公司花了 4 亿美金,收购了研发 ICQ 的以色列 Mirobilis 软件公司,这个纪录创下了网络发展史上的另一个奇迹。2000 年 9 月,ICQ2000b 正式版本终于推出。ICQ 的缺点是在 MSN 出现之后,没有跟上 MSN 的脚步,例如在表情符号的加入方面。

MSN 目前最新的中文版是 9.0Beta。它基于 Microsoft 高级技术,可使您和您的家人更有效地利用 Web。MSN 9 是一种优秀的通信工具,使 Internet 浏览更加便捷,并通过一些高级功能加强了联机的安全性。这些高级功能包括家长控制、共同浏览 Web、垃圾邮件保护器和定制其他。

飞信是中国移动推出的"综合通信服务",即融合语音(IVR)、GPRS、短信等多种通信方式,覆盖 3 种不同形态(完全实时、准实时和非实时)的客户通信需求,实现互联网和移动网间的无缝通信服务。飞信不但可以免费从 PC 给手机发短信,而且不受任何限制,能够随时随地与好友开始语聊,并享受超低语聊资费。飞信还具备防骚扰功能,只有对方被您授权为好友时,才能与您进行通话和短信,安全又方便。飞信最新版本已经具有向未加为好友的移动号码直接发送短信的功能,即使对方并非飞信好友,收费与正常收费相同,每条 0.1 元。飞信所提供的好友手机短信免费发、语音群聊超低资费、手机电脑文件互传等更多强大功能,令用户在使用过程中产生更加完美的产品体验;飞信能够满足用户以匿名形式进行文字和语音的沟通需求,在真正意义上为使用者创造了一个不受约束、不受限制、安全沟通和交流的通信平台。

阿里旺旺是将原先的淘宝旺旺与阿里巴巴贸易通整合在一起的新品牌,是淘宝网和阿里巴巴为商人度身定做的免费网上商务沟通软件。它分为阿里旺旺(淘宝版)与阿里旺旺(贸易通版)、阿里旺旺(口碑网版)3 个版本。这3个版本之间支持用户互通交流。如果想同时使用与淘宝网站和阿里巴巴中文站相关的功能，仍然需要同时启动淘宝版和贸易通版。目前贸易通账号需要登录贸易通版阿里旺旺，淘宝账号需要登录淘宝版阿里旺旺。

互联网的历史总是很偶然的发生：1998年，腾讯研发团队为QQ用户突破100人而"兴奋不已"；到2005年腾讯却成为中国收入前三名的互联网公司，而与腾讯一样做即时通讯的朗玛UC，依靠市场份额和用户数排名第二的优势，被新浪收购后换来了3600万美元的现金和股票。

聊天其实一直是网民们上网的主要活动之一，只不过当时网上聊天的主要工具只有聊天室。即时通讯的出现并不像后来所描写的"很自然地崛起"，出身于著名寻呼企业润讯的马化腾最初做的只是与寻呼业相关的ICQ软件。只是当电信寻呼、联通寻呼、润迅寻呼等大寻呼企业都用上了这种网络寻呼机，给马化腾他们赚来了第一桶金后，腾讯才瞄上了在国外正热的互联网产业。1999年，腾讯正式提供互联网的即时通讯服务。

其实新浪在这个领域也可以说是先行者，早在1999年，新浪就推出了一款IM工具叫Sinapager，当时这款工具的功能应该说已经很强大了，比腾讯的QQ毫不逊色，而且当时用户群并不少。只是新浪当时没有那么专注于IM领域上。

从前，并没有多少人认为即时通讯会有多大出路，因为这种需要随时在网上的聊天工具一直受制于互联网的拨号上网。这导致QQ用户数一增加就要不断扩充服务器，马化腾甚至都坚持不下去了，一度决定将QQ卖掉。只是买家深圳电信数据局准备出60万元，而马化腾坚持要卖100万元，最终因为价格无法达成一致而使谈判告终。但是，当马化腾在2003年第一次进入"福布斯中国富豪榜"第99名，腾讯宣布QQ同时在线人数达到492万时，整个互联网业开始为即时通讯沸腾。先是网易开始发力，在北京推出了新版的即时通讯软件网易泡泡2004；然后是新浪花3600万美元收购已有巨大用户群的UC，加上搜狐在2004年年初推出的即时通讯软件"搜Q"的奋力一搏，以及微软的MSN也进入中国插一脚。门户网站们显然希望能够通过自己长久以来累积的用户忠诚度在该领域有所作为。一时之间,即时通讯与搜索引擎一起,成了最热门的互联网领域。客观上来说,电信运营商对带宽投入的大幅增长也促进了即时通讯的繁荣。

"中国即时通讯市场将发生翻天覆地的变化,我认为这个时间很快就会来临。"前雅虎中国总裁周鸿祎曾如此充满期望。

知识链接

聊天工具的应用

聊天工具分为个人 IM、商务 IM、企业 IM、行业 IM 等。个人 IM 主要是以个人(自然)用户使用为主,非营利目的,方便聊天、交友、娱乐。商务 IM,像阿里旺旺贸易通、阿里旺旺淘宝版,以低成本实现商务交流、工作交流。企业 IM 是一种以企业内部办公为主,建立员工交流平台;另一种是以即时通讯为基础、系统整合边缘功能,如企业通火炬版。行业 IM 是局限于某些行业或领域使用的 IM 软件,不被大众所知,如盛大圈圈,主要在游戏圈内小范围使用。

网络下载平台

科普档案 ●名称:网络下载 ●特点:均衡服务器资源、降低服务器负载、快速上手、无须插件

下载是通过网络进行传输文件，把互联网或其他电子计算机上的信息保存到本地电脑上的一种网络活动。下载活动需要借助下载平台，最常用的有迅雷、网络快车、脱兔等。

迅雷是最常用的下载平台，它使用的多资源超线程技术基于网格原理,能够将网络上存在的服务器和计算机资源进行有效的整合,构成独特的迅雷网络,通过各种数据文件能够以最快的速度进行传递。迅雷还具有互联网下载负载均衡功能,在不降低用户体验的前提下,可以对服务器资源进行均衡,有效降低了服务器负载。

迅雷下载文件时在硬盘里会出现两个文件名一样,一个后缀名为 td 和一个为 td.cfg 的文件,在下载时,迅雷会自动给文件加上 td 的扩展名,下载完成后 td 的扩展名会自动去掉,cfg 是下载日志文件,下载完成后会自动删除;下载前需先备份迅雷安装目录里的 Default.sdh 和 history.cfg 文件,这两个文件保存了原先下载文件的信息,安装完新版本的迅雷后,把这两个文件拷贝到迅雷安装目录下即可。迅雷在下载时使用了硬盘写入缓存,用户可以根据自己的情况手动配置;迅雷支持自动更新,能够自动检测更新版本的信息,提示用户把迅雷升级到最新的版本。

迅雷是一款新型的基于 P2SP 技术的下载软件，这里的 S 指的是 SERVER,就是在 P2P 的基础上增加了对 SERVER 的资源下载,也就是说 P2SP 是一种能够同时从多个服务器和多个节点进行下载的技术,因此迅雷的下载速度会比只能从服务器下载(P2S)或只能从节点下载(P2P)的软件速度要更快。

迅雷使用的是 P2SP 的技术,所以提供了两种线程的配置,一个是原始 url 的线程配置,这个和一般的下载软件是一样的;另一个是最多使用的线程配置,指每个任务最多开多少个线程,点工具栏的"配置"按钮,再点"默认配置"就可以看到线程的配置画面。

脱兔使用的下载技术包括 DHT 网络搜索、多 Tracker 搜索、内网互联、自动 UPnP 映射,支持所有的网络协议,具有共享任务、任务排序、资源搜索等功能,但不支持边下载边播放、同资源聊天、下载 flash、资源推荐等功能。另外,脱兔还具有安全性、稳定性,如绿色软件、查插件、查毒、无广告插入等特点。

网际快车(Flashget)是全球使用率较高的下载平台,在中国,部分下载服务器采用快车协议下载,迅雷等其他软件无法盗链。它主要支持 HTTP、FTP、BT 等多种协议,绿色免费、无捆绑恶意插件,简单安装,快速上手,界面比较友好。

酷狗科技(KuGou Networks)是中国领先的数字音乐交互服务提供商,主要做 P2P 音乐共享,搜索音乐与视频比较方便,并且可以直接连接共享(P2P 技术),但支持的协议比较少。

哇嘎下载平台可以主动共享资源,是不错的下载平台。它可以优化内网下载,电影、动漫即点即看,支持多种语言,但病毒更新很快,容易遭到破坏。另外在违背 GPL 协议,不开放源代码,连接服务器和使用服务器进行搜索方面的设计有严重的缺陷,经常拒绝表明软件真实版本,伪装成其他软件版本以欺骗服务器和用户。通过屏蔽他人的标签,同时伪造自己的标签来达到不正当竞争的目的。

大多数网络用户普遍认为网络上最实用的功能就是下载软件。的确,Internet 上提供的软件数量之多,可以说是无所不有。但是网络用户却面临着上网费用昂贵、传输线路速度普遍不理想等问题。目前有很多人都使用浏览器内建的文件下载功能进行下载。微软公司的 IE 4.0(中文版)就是内建有文件下载功能的浏览器。它的 4.01 升级版又增加了 BIG5 码的浏览字体,能非常方便地浏览 BIG5 码网页,而且对 TCP/IP 协议进行了进一步的优化，因此下载速度也明显好于 4.0 版。新--代的浏览器，已经完全支持断点续传。

　　使用浏览器下载不需再借助任何第三方软件。使用第三方下载软件，即便是共享软件，不是有使用时间的限制就是因没有注册而限制了不少功能。另外，多使用一个软件，也必然增加对系统资源的开销，对于内存配置较少的用户，会明显影响浏览器的性能。

　　用浏览器下载也有缺点：一般的用户上网往往是"冲浪"，可能没有记下原来下载文件的站点名，以后要续传时，忘记下载的站点名是很经常的事。所以在下载文件的时候，如果发生断线，只要你还没有退出下载软件的网站并关闭浏览器的话，应该将当前下载文件的 URL 立即保存下来，供以后续传时从保存的记录中取出。当然，如果你离开下载软件的网页时没有记住下载的站点，那就麻烦了。

　　由于浏览器耗用的系统和通信线路资源是比较大的，一般情况下它的下载速度肯定不如耗用上述资源较少的断点续传工具软件快。正因为有这样的缺点，所以即便现在浏览器已有了断点续传的功能，断点续传工具仍有其存在的价值。

知识链接

提供下载服务的网站

　　国内各大门户网站及 IT 咨讯站都有下载频道。另外还有一些专业下载网站如：华军软件园、天空软件站、太平洋下载中心、绿色下载吧等，这些网站的软件都是比较令人放心的，软件的安全、绿色很重要。无毒是每个软件站都必须做到的，可以说这些软件站能够做到一定规模，也是相当不错的。现在的软件站一般是有收费跟免费的软件，一般收费的软件叫共享软件，一种是绿色的软件，就是免安装的软件。

第四代计算机

科普档案 ●**名称:**第四代计算机 ●**优点:**以微型机为代表、微处理器为核心、智能化系统操作

第四代计算机的出现,深刻地改变了网络世界体系,彻底改变了我们的生活方式,进入 21 世纪以来,这种变化尤为明显。随着计算机在全世界的普及,人们不得不重新审视那段历史。

1945 年第一台电子计算机诞生后,经过将近 30 年的发展,第四代计算机也出现了。这一阶段的计算机按规模分为巨型机、中型机、大型机、小型机、单片机、微型机和便携机,按作用又可分为工作站和服务器。

1973 年,第一台巨型机开始使用。与此同时,其他几种巨型机如古德依尔公司的 STARAN,美国系统发展公司的 PEPE 等均在 70 年代中期先后制成,70 年代巨型机领域取得的最高成就要推 CRAY—I。它的主机有 12 个部件,可以同时进行不同操作。它的向量运算达每秒 8000 万次,标量运算速度为 CDC7600 的两倍。它功能强但不繁杂,主机仅占地 7 平方米,且指令简单明了,易于掌握。

第四代计算机的大规模集成电路(LSI)可以在一个芯片上容纳几百个元件。到了 80 年代,超大规模集成电路(VLSI)在芯片上容纳了几十万个元件,后来的(ULSI)将数字扩充到百万级。可以在硬币大小

□世界上第一台计算机

的芯片上容纳如此数量的元件使得计算机的体积和价格不断下降，而功能和可靠性不断增强。70 年代中期，计算机制造商开始将计算机带给普通消费者，这时的小型机带有友好界面的软件包，供非专业人员使用的程序和最受欢迎的字处理和电子表格

□1981年8月12日，IBM宣布了IBM PC的诞生

程序。1981 年，IBM 推出个人计算机（PC）用于家庭、办公室和学校。80 年代个人计算机的竞争使得其价格不断下跌，微机的拥有量不断增加，计算机继续缩小体积。与 IBM PC 竞争的 Apple Macintosh 系列于 1984 年推出，Macintosh 提供了友好的图形界面，用户可以用鼠标方便地操作。

将 CPU 浓缩在一块芯片上的微型机的出现与发展，掀起了计算机大普及的浪潮。1969 年，英特尔公司受托设计一种计算器所用的整套电路，公司的一名年轻工程师费金成功地在 4.2×3.2 的硅片上，集成了 2250 个晶体管。这就是第一个微处理器——Intel 4004，它是 4 位的。在它之后，1972 年初又诞生了 8 位微处理器 Intel 8008。1973 年出现了第二代微处理器（8位），如 Intel 8080（1973）、M6800（1975，M 代表摩托罗拉公司）、Z80（1976，Z代表齐洛格公司）等。1978 年出现了第三代微处理器（16 位），如 Intel 8086、Z8000、M68000 等。1981 年出现了第四代微处理器（32 位），如 iAPX432、i80386、MAC-32、NS-16032、Z80000、HP-32 等。它们的性能都与 70 年代大中型计算机大致相匹敌。微处理器两三年就换一代的速度，是任何技术也不能比拟的。

80 年代后期，美国国家科学基金会（NSF）建立了全美五大超级计算机中心。为使全国的科学家、工程师和学校师生们能够共享这些计算机环境，NSF 决定建立一个计算机网络。它通过 56Kb/s 的电话线把各大超级计算机

中心联系起来,学校就近连到地区网,而地区网与计算中心相连。NSFnet 的成功使得它取代了 ARPA 网而成为美国乃至世界 Internet 的基础。

□第四代计算机

提起第四代计算机,不得不回顾它的发展历程。1946 年 2 月 15 日,标志现代计算机诞生的埃尼阿克在费城公之于世。埃尼阿克代表了计算机发展史上的里程碑,它通过不同部分之间的重新接线编程,还拥有并行计算能力。埃尼阿克由美国政府和宾夕法尼亚大学合作开发,使用了 18000 个电子管,70000 个电阻器,有 500 万个焊接点,耗电 160 千瓦,其运算速度为每秒 5000 次。第一代计算机的特点是操作指令为特定任务而编制的,每种机器有各自不同的机器语言,功能受到限制,速度也慢。另一个明显特征是使用真空电子管和磁鼓储存数据。

1948 年晶体管的发明代替了体积庞大的电子管,电子设备的体积不断减小。1956 年晶体管在计算机中使用,晶体管和磁芯存储器导致了第二代计算机的产生。第二代计算机体积小、速度快、功耗低、性能更稳定。1960 年出现了一些成功地用在商业领域、大学和政府部门的第二代计算机。第二代计算机用晶体管代替电子管,还有现代计算机的一些部件:打印机、磁带、磁盘、内存、操作系统等。计算机中存储的程序使得计算机有很好的适应性,可以更有效地用于商业用途。在这一时期出现了更高级的 COBOL 和 FORTRAN 等语言,使计算机编程更容易。新的职业(程序员、分析员和计算机系统专家)和整个软件产业由此诞生。

计算机语言发展到第三代时,就进入了"面向人类"的语言阶段。第三代语言也被人们称之为"高级语言"。高级语言是一种接近于人们使用习惯的程序设计语言。它允许用英文写解题的计算程序,程序中所使用的运算符号和运算式子,都和我们日常用的数学公式差不多。高级语言容易学习,通用性强,书写出的程序比较短,便于推广和交流,是很理想的一种程序设计语言。高级语言发展于 50 年代中叶到 70 年代,有些流行的高级语言已经被大多数计算机厂家采用,固化在计算机的内存里。如 BASIC 语言,现在已有 128 种不同的 BASIC 语言在流行,当然其基本特征是相同的。

除了 BASIC 语言外,还有 FORTRAN(公式翻译)语言、COBOL(通用商业语言)、C 语言、DM 语言、PASCAC 语言、ADA 语言等 250 多种高级语言。

📖知识链接

最早的个人计算机

最早的个人计算机之一是美国苹果(Apple)公司的 Apple II 型计算机,于 1977 年开始在市场上出售。接着出现了 TRS-80 和 PET-2001。从此以后,各种个人计算机如雨后春笋般纷纷出现。随着 PC 机的不断普及,IBM 公司于 1979 年 8 月组织了个人计算机研制小组,两年后推出 IBM-PC,1983 年又推出了扩充机型 IBM-PC/XT,引起计算机工业界的极大震动。到 1983 年,IBM-PC 迅速占领市场,取代了号称"美国微型机之王"的苹果计算机。

计算机语言的发展历程

科普档案 ●**名称**:计算机语言 ●**特点**:一种代码式的指令,用于执行人的指令,完成网络任务

计算机语言(Computer Language)是用于人与计算机之间通讯的语言,是人与计算机之间传递信息的媒介,通过这种语言将指令传达给机器。其种类非常多,难易程度不同,其本质是让计算机执行人的意图。

电脑每做一次动作,进行一个步骤,都是按照已经用计算机语言编好的程序来执行,程序是计算机要执行的指令的集合,而程序全部都是用我们所掌握的语言来编写的。所以人们要控制计算机,一定要通过计算机语言向计算机发出命令。计算机语言的种类非常多,总的来说可以分成机器语言、汇编语言、高级语言三大类。

20世纪40年代,当计算机刚刚问世的时候,程序员必须通过手动控制计算机。当时的计算机十分昂贵,使用范围较小,为了扩大使用范围,德国工程师楚泽想到了利用程序设计语言。几十年后,计算机的价格大幅度下跌,而计算机程序也越来越复杂。也就是说,开发时间已经远比运行时间来得宝贵。于是,新的集成、可视的开发环境越来越流行。它们减少了付出成本。只要轻敲几个键,一整段代码就可以使用了。这也得益于可以重用的程序代码库。随着结构化高级语言的诞生,使程序员可以离开机器层次,在更抽象的层次上表达意图。由此诞生的3种重要控制结构,以及一些基本数据类型都能够很好地开始让程序员以接近问题本质的方式去思考和描

□ "计算机语言之母"格蕾丝·霍波

述问题。随着程序规模的不断扩大，在 60 年代末期出现了软件危机，在当时的程序设计模型中都无法克服错误随着代码的扩大而级数般的扩大的问题，以至到了无法控制的地步。这个时候就出现了一种新的思考程序设计方式和程序设计模型——面向对象程序设计，由此也诞

□计算机语言

生了一批支持此技术的程序设计语言，比如 eiffel、c++、java，这些语言都以新的观点去看待问题，即问题就是由各种不同属性的对象以及对象之间的消息传递构成。面向对象语言由此必须支持新的程序设计技术，例如：数据隐藏、数据抽象、用户定义类型、继承、多态等。

目前通用的编程语言有两种形式：汇编语言和高级语言。汇编语言的实质和机器语言是相同的，都是直接对硬件操作，只不过指令采用了英文缩写的标识符，更容易识别和记忆。用汇编语言所能完成的操作不是一般高级语言所能实现的，而且源程序经汇编生成的可执行文件不仅比较小，而且执行速度很快。

高级语言主要是相对于汇编语言而言，它并不是特指某一种具体的语言，而是包括了很多编程语言，如目前流行的 VB、VC、FoxPro、Delphi 等，这些语言的语法、命令格式都各不相同。高级语言是目前绝大多数编程者的选择。和汇编语言相比，它不但将许多相关的机器指令合成为单条指令并且去掉了与具体操作有关但与完成工作无关的细节，例如使用堆栈、寄存器等，这样就大大简化了程序中的指令。由于省略了很多细节，所以编程者也不需要具备太多的专业知识。高级语言分为两种：

解释类：执行方式类似于我们日常生活中的"同声翻译"，应用程序源

代码一边由相应语言的解释器"翻译"成目标代码(机器语言),一边执行,因此效率比较低,而且不能生成可独立执行的可执行文件,应用程序不能脱离其解释器,但这种方式比较灵活,可以动态地调整、修改应用程序。

编译类:编译是指在应用源程序执行之前,就将程序源代码"翻译"成目标代码(机器语言),因此其目标程序可以

□计算机C语言

脱离其语言环境独立执行,使用比较方便、效率较高。但应用程序一旦需要修改,必须先修改源代码,再重新编译生成新的目标文件才能执行,只有目标文件而没有源代码,修改很不方便。现在大多数的编程语言都是编译型的,例如 Visual Basic、Visual C++、Visual Foxpro、Delphi 等。

高级语言的下一个发展目标是面向应用,也就是说,只需要告诉程序你要干什么,程序就能自动生成算法,自动进行处理,这就是非过程化的程序语言。

60 年代中后期,软件越来越多,规模越来越大,而软件的生产基本上没有统一标准,缺乏科学规范的系统规划与测试、评估标准,其恶果是大批耗费巨资建立起来的软件系统,由于含有错误而无法使用,甚至带来巨大损失,软件给人的感觉是越来越不可靠,以致几乎没有不出错的软件。这一切,极大地震动了计算机界,史称"软件危机"。人们认识到:大型程序的编制不同于写小程序,它应该是一项新的技术,应该像处理工程一样处理软件研制的全过程。程序的设计应易于保证正确性,也便于验证正确性。1969年,提出了结构化程序设计方法;1970 年,第一个结构化程序设计语言——Pascal 语言出现,标志着结构化程序设计时期的开始。

80年代初开始,在软件设计思想上,又产生了一次革命,其成果就是面向对象的程序设计。在此之前的高级语言,几乎都是面向过程的,程序的执行是流水线式的,在一个模块被执行完成前,人们不能干别的事,也无法动态地改变程序的执行方向。这和人们日常处理事物的方式是不一致的,对人而言是希望发生一件事就处理一件事,也就是说,不能面向过程,而应是面向具体的应用功能,也就是对象(Object)。其方法就是软件的集成化,如同硬件的集成电路一样,生产一些通用的、封装紧密的功能模块,称之为软件集成块,它与具体应用无关,但能相互组合,完成具体的应用功能,同时又能重复使用。对使用者来说,只关心它的接口(输入量、输出量)及能实现的功能,至于如何实现的,那是它内部的事,使用者完全不用关心,C++、Visual Basic、Delphi就是典型代表。

面向对象程序设计以及数据抽象在现代程序设计思想中占有很重要的地位,未来语言的发展将不仅仅是一种单纯的语言标准,而会完全面向对象,更易表达现实世界,更易被人编写,其使用者将不再只是专业的编程人员,人们完全可以用订制真实生活中一项工作流程的简单方式来完成编程。例如,提供最基本的方法来完成指定的任务,只需理解一些基本的概念,就可以用它编写出适合于各种情况的应用程序,提供简单的类机制以及动态的接口模型。对象中封装状态变量以及相应的方法,实现了模块化和信息隐藏,提供了一类对象的原型,并且通过继承机制,实现了代码的复用。

📖 知识链接

"计算机语言之父"尼盖德

尼盖德因为发展了公式编程语言,为因特网奠定了基础而享誉国际。1961～1967年,尼盖德在挪威计算机中心工作,参与开发了面向对象的编程语言。因为表现出色,2001年,尼盖德和同事奥尔·约安·达尔获得了多个奖项。当时为尼盖德颁奖的计算机协会认为他们的工作使软件系统的设计和编程发生了基本改变,可循环使用的、可靠的、可升级的软件也因此得以面世。

网页浏览器

科普档案 ●名称:浏览器　　　　●特点:智能化、安全、扩展性强、内核强大、服务多样化

网页浏览器是可以显示网页服务器或档案系统内的文件,并让用户与这些文件互动的一种软件。它用来显示在万维网或局部局域网路等内的文字、影像及其他资讯。浏览器的种类比较多,可供不同人群选择使用。

浏览器是指可以显示网页服务器或者文件系统的 HTML 文件内容,并让用户与这些文件交互的一种软件。网页浏览器主要通过 HTTP 协议与网页服务器交互并获取网页,这些网页由 URL 指定,文件格式通常为 HTML,并在 HTTP 协议中指明。一个网页中可以包括多个文档,每个文档都是分别从服务器获取。大部分的浏览器本身支持除了 HTML 之外的广泛的格式,例如 JPEG、PNG、GIF 等图像格式,并且能够扩展支持众多的插件。另外,许多浏览器还支持其他的 URL 类型及其相应的协议。HTTP 内容类型和 URL 协议规范允许网页设计者在网页中嵌入图像、动画、视频、声音、流媒体等。这些文字或影像,可以是连接其他网址的超链接,用户可迅速及轻易地浏览各种资讯。网页一般是 HTML 的格式。有些网页需使用特定的浏览器才能正确显示。个人电脑上常见的网页浏览器包括微软的 Internet Ex—plorer、Opera、Mozilla 的 Firefox、Maxthon 和 Safari。浏览器是最经常使用到的客户端程序,万维网是全球最大的连接文件网络文库。

网页浏览器允许用户根据超文本链接(Hyper Text Link)进行漫游,而不必进行有目的的查询。目前使用最多的网页浏览器主要有两个,一个是 Netscape(网景)公司的 Navigator,另一个是美国 Microsoft(微软)公司的 Internet Explorer。

除了上述两款浏览器外,包括苹果公司在内的一些软件开发商也发布了一些浏览器产品。

Opera 是由 Opera Software 开发的网页浏览器,它发布于 1996 年,其浏览速度是世界上最快的。目前它在手持电脑上十分流行,在个人电脑网络浏览器市场上的占有率则较小。

天天浏览器是一款适用于智能手机和移动终端的全功能浏览器,是移动互联网时代手机快速上网的必备工具。天天浏览器的内核强大,扩展功能多,具有极速、流畅、安全、丰富的特点。支持高清视频在线播放,提供最人性化的小说阅读体验,个性化多媒体杂志随手订阅,创新云安全、云加速、云穿越、云书签等贴心服务,呈现新闻、小说、影视、漫画、音乐等丰富内容。

Mozilla Firefox(火狐浏览器)现在是市场占有率第三的浏览器,仅次于微软的 Internet Explorer 和 Google 的 Chrome;最新的 Firefox 9 新增了类型推断(Type Inference),再次大幅提高了 JavaScript 引擎的渲染速度,使得很多富含图片、视频、游戏以及 3D 图片的网站和网络应用能够更快地加载和运行。最新版 Firefox 在速度上提升了 30%!

Chrome 是由 Google 公司开发的网页浏览器,浏览速度在众多浏览器中走在前列,属于高端浏览器;采用 BSD 许可证授权并开放源代码,开源计划名为 Chromium;谷歌浏览器在 2011 年 11 月市场份额正式超过火狐浏览器,跃居第二。

搜狗浏览器是首款给网络加速的浏览器,可明显提升公网、教育网互访速度 2~5 倍,通过业界首创的防假死技术,使浏览器运行快捷流畅且不卡不死,具有自动网络收藏夹、独立播放网页视频、flash 游戏提取操作等多项特色功能,并且兼容大部分用户使用习惯,支持多标签浏览、鼠标手势、隐私保护、广告过滤等主流功能。搜狗高速浏览器是目前互联网上最快速最流畅的新型浏览器,与拼音输入法、五笔输入法等产品一同成为高速上网的必备工具。搜狗浏览器拥有国内首款"真双核"引擎,采用多级加速机制,能大幅提高上网速度。

E 影浏览器。智能、安全是它的核心技术,用它上网,能带来畅游无限的快乐。它是世界上第一款拥有学习指令、学习样板、学习操作,以及自我学习的超级浏览器。

2010 年 8 月,傲游发布了双核浏览器——傲游浏览器 3.0,基于 IE 内核,并在其之上有创新,其插件比 IE 更丰富。

猎豹浏览器是由金山网络历时半年多开发、推出的主打安全与极速特性的浏览器。该浏览器是采用 Trident 和 WebKit 双核的浏览器。Trident 是 IE 内核,可保障良好的兼容性,访问网购、支付页面完全不受限制;WebKit 是 Chrome 内核,除保留网页预加载等极速技术外,还在此基础上进行了超过 100 项的技术优化,实现了比 Chrome 还快的使用体验。

猎豹浏览器具有首创的智能切换引擎,动态选择内核匹配不同网页,并且完美支持 HTML5 新国际网页标准,网页展现更炫酷,更动感。极速浏览的同时也充分保证兼容性。

蒂姆·伯纳斯·李(Tim Berners Lee)是第一个使用超文本来分享资讯的人。他于 1990 年发明了首个网页浏览器 World Wide Web。在 1991 年 3 月,他把这项发明介绍给了他的朋友。从那时起,浏览器的发展就和网络的发展联系在了一起。当时,网页浏览器被视为能够处理 CERN 庞大电话簿的实用工具。在与用户互动的前提下,网页浏览器根据因特网协议,允许所有用户能轻易地浏览别人所编写的网站。可是,其后加插图像进浏览器的举动,使之成了互联网的"杀手级应用"。

浏览器使互联网得以迅速发展。它最初是一个运行的图像浏览器,很快便发展到在 Microsoft Windows 也能运行。1993 年 9 月发表了 1.0 版本,从此标志着互联网进入了一个新纪元。

📖 知识链接

百度手机浏览器

百度手机浏览器于 2011 年 6 月 15 日首次正式启动对外公测,并于 2012 年陆续推出 1.0 和 2.0 正式版。产品采用太空小熊形象,提供超强智能搜索,整合百度优质服务,为手机上网用户带来更便捷、实用、有趣的浏览体验。百度手机浏览器具有丰富的特色功能:整句英汉互译,长按文本即可翻译,浏览国外网站毫无压力;翻屏按钮,点击即可自动滚屏,配合全新干净全屏效果;中文语音搜索,配合网络搜索推荐等功能,让搜索一触即达;更有单指滑动缩放、主体突出、夜间模式、截图分享等贴心功能,让每一位安卓手机用户都享受到最好的网页浏览体验。

网络的日常维护及安全

科普档案 ●名称:网络维护　　●特点:维护安全、监督流量、建立备份、处理隐患

　　网络维护是备份各个设备的配置文件,负责网络布线配线架的管理,确保配线的合理有序;掌握内部网络连接情况,掌握与外部网络的连接配置,监督网络通信情况,实时监控整个公司或网吧内部网络的运转和通信流量情况的行为。

　　在网络正常运行的情况下,对网络基础设施的管理主要包括:确保网络传输的正常;掌握公司或者网吧主干设备的配置及配置参数变更情况,备份各个设备的配置文件,这里的设备是指交换机和路由器、服务器等。

　　维护网络运行环境的核心任务之一是公司或网吧操作系统的管理。这里指的是服务器的操作系统。为确保服务器操作系统工作正常,应该能够利用操作系统提供的和从网上下载的管理软件,实时监控系统的运转情况,优化系统性能,及时发现故障征兆并进行处理。必要的话,要对关键的服务器操作系统建立热备份,以免发生致命故障使网络陷入瘫痪状态。

　　网络应用系统的管理主要是针对为公司或网吧提供服务的功能服务器的管理。这些服务器主要包括:代理服务器、游戏服务器、文件服务器、EPR 服务器、E-MAIL 服务器等。要熟悉服务器的硬件和软件配置,并对软件配置进行备份。公司要对 ERP 进行正常运行管理,防止出错,对 E-MAIL 进行监控,保证公司正常通信业务等,网吧要对游戏软件、音频和视频文件进行时常的更新,以满足用户的要求。计算机系统中最

□网络的日常维护

重要的应当是数据，数据一旦丢失，那损失将会是巨大的。所以，网吧的文件资料存储备份管理就是要避免这样的事情发生。网吧的计费数据和重要的网络配置文件都需要进行备份，这就需要在服务器的存储系统中做镜像，来对数据加以保护进行容灾处理。

□ "蠕虫病毒"对网络速度的影响越来越严重

对于网络的常见故障，例如，机器的死机和重新启动,无非是 CPU 温度过高;机器有病毒;操作系统有问题或是电源的问题。这些故障都是比较明显,并且好判断好解决的。然而,很多故障都是隐蔽的。在众多的网络故障中,最令人头疼的是网络是通的,但网速很慢。遇到这种问题,往往会让人束手无策。如果遇到这种问题,要考虑到网线:双绞线是由四对线严格而合理地紧密绕和在一起的,以减少背景噪音的影响。而不按正确标准制作的网线,存在很大的隐患,有的开始一段时间使用正常,但过一段时间后性能下降网速变慢。或者要考虑到回路:一般当网络规模较小,涉及的节点数不多,结构不复杂时,这种情况很少发生。但在一些比较复杂的网络中,容易构成回路,数据包会不断发送和校验数据,从而影响整体网速,并且查找比较困难。为避免这种情况的发生,要求布线时一定要养成良好的习惯。

影响网络安全的还包括以下几种常见情况:

广播风暴。作为发现未知设备的主要手段,广播在网络中有着非常重要的作用。然而,随着网络中计算机数量的增多,广播包的数量急剧增加。当广播包的数量达到 30% 时,网络传输效率会明显下降。当网卡或网络设备损坏后,会不停地发送广播包,从而导致广播风暴,使网络通信陷入瘫痪。

端口瓶颈。实际上路由器的广域网端口和局域网端口、服务器网卡都可能成为网络瓶颈。网络管理员可以在网络使用高峰时段,利用网管软件查看路由器、交换机、服务器端口的数据流量,来确定网络瓶颈的位置,并设法增加其带宽。

蠕虫病毒。蠕虫病毒对网络速率的影响越来越严重。这种病毒导致被感染的用户只要一连上网就不停地往外发邮件,病毒选择用户电脑中的随机文档附加在用户通讯簿的随机地址上进行邮件发送。垃圾邮件排着队往外发送,有的被成批地退回堆在服务器上,造成个别骨干互联网出现明显堵塞,局域网近于瘫痪。因此,管理员要时常注意各种新病毒通告,了解各种病毒特征;及时升级所用的杀毒软件,安装系统补丁程序;同时卸载不必要的服务,关闭不必要的端口,以提高系统的安全性和可靠性。

网络管理和软硬件故障分析都需要扎实的网络技术知识积累和丰富的故障排除经验,所以需要管理员不断地学习来充实自己,以应对可能出现的种种问题。

📖 知识链接

网络安全管理

　　网络安全管理应该说是网络管理中难度比较高,而且很令管理员头疼的问题。因为用户可能会访问各类网站,并且安全意识比较淡薄,所以感染到病毒在所难免。一旦有一台机器感染,就会起连锁反应,致使整个网络陷入瘫痪。所以,一定要防患于未然,为服务器设置好防火墙,对系统进行安全漏洞扫描,安装杀毒软件,并且病毒库要是最新的,还要定期地进行病毒扫描。

网络学科展望

□瞬息万变的网络先锋

第 **3** 章

4G 网络的前景

科普档案 ●**名称:**4G 网络　　●**特点:**代表最先进的网络科技水平、3G 网络技术的延伸

通信技术日新月异,给人们带来不少享受。随着数据通信与多媒体业务需求的发展,适应移动数据、移动计算及移动多媒体运作需要的第四代移动通信开始兴起,因此我们有理由期待这种第四代移动通信技术将给人们带来更加美好的未来。

无论是技术还是产品,新一代刚推出市场之后,实验室就开始研发更新一代了。3G 网络刚一出现,4G 网络就已经在研发当中了。日本的一家公司表示,4G 通信的试验网络已经部署在公司的横须贺研发园内,该网络集结了试验基站和移动终端,推出后网络的下载速度可以达到 100Mbps,上传速度为 20Mbps。美国一家公司推出的 4G 通信网络的试验,可以进行无线上传,达到快速下载的目的。

4G 技术可以将不同的无线局域网络和通信标准、手机信号、无线电通信和电视广播以及卫星通信结合起来,这样手机用户就可以随心所欲地漫游了。目前在欧洲地区,无线区域回路与数字音讯广播已针对其室内(In-door)应用进行相关的研发,测试项目包括 10Mbps 与 MPEG 影像传输应用,而第四代移动通信技术则将会是现有两项研发技术的延伸,先从室内技术开始,再逐渐扩展到室外的移动通信网络。爱立信公司的一位高级官员表示,该公司在经济不景气的情况下不会减少研发第四代无线通信技术的预算,该公司的负责人同时表示,该公司的研发工作具有 3~10 年的前瞻性,暂时的需求不振不会使该公司放慢研究的速度。

对于现在的人来说,未来的 4G 网络的确显得很神秘,不少人都认为第四代无线通信网络系统是人类有史以来发明的最复杂的技术系统,的确第四代无线通信网络在具体实施的过程中出现大量令人头痛的技术问题,大

概一点也不会使人们感到意外和奇怪,第四代无线通信网络存在的技术问题多和互联网有关,并且需要花费好几年的时间才能解决。总的来说,要顺利、全面地实施4G网络,将可能遇到下面的一些困难:

标准难以统一。虽然从理论上讲,3G手机用户在全球范围都可以进行移动通信,但是由于没有统一的国际标准,各种移动通信系统彼此互不兼容,给手机用户带来诸多不便。因此,开发第四代网络系统必须首先解决通信制式等需要全球统一的标准化问题,而世界各大通信厂商对此一直在争论不休。

技术难以实现。据研究这项技术的开发人员提出,要实现4G网络的下载速度还面临着一系列技术问题。例如,如何保证楼区、山区,及其他有障碍物等易受影响地区的信号强度等问题。日本DoCoMo公司表示,为了解决这一问题,公司将对不同编码技术和传输技术进行测试。另外在移交方面存在的技术问题,使手机很容易在从一个基站的覆盖区域进入另一个基站的覆盖区域时和网络失去联系。由于第四代无线通信网络的架构相当复杂,这一问题显得格外突出。不过,行业专家们表示,他们相信这一问题可以得到解决,但需要一定的时间。

容量受到限制。人们对未来的4G通信的印象最深的莫过于它的通信传输速度将会得到极大提升,从理论上说其所谓的每秒100MB的宽带速度,比目前手机信息传输速度每秒10KB要快1万多倍,但手机的速度将受到通信系统容量的限制,如系统容量有限,手机用户越

多,速度就越慢。据有关行家分析,4G手机将很难达到其理论速度。如果速度上不去,4G手机的覆盖面就要大打折扣。

市场难以消化。有专家预测在10年以后,第三代移动通信的多媒体服务将进入第三个发展阶段,此时覆盖全球的3G网络

□4G网络

已经基本建成,全球25%以上的人口使用第三代移动通信系统,第三代技术仍然在缓慢地进入市场,到那时整个行业正在消化吸收第三代技术,对于第四代移动通信系统的接受还需要一个逐步过渡的过程。另外,在过渡过程中,如果4G通信因为系统或终端的短缺而导致延迟的话,那么号称5G的技术随时都有可能威胁到4G的赢利计划,此时4G漫长的投资回收和赢利计划将变得异常的脆弱。

设施难以更新。在部署4G网络系统之前,覆盖全球的大部分无线基础设施都是基于第三代移动通信系统建立的,如果要向第四代通信技术转移的话,那么全球的许多无线基础设施都需要经历着大量的变化和更新,这种变化和更新势必减缓4G网络技术全面进入市场、占领市场的速度。而且到那时,还必须要求3G通信终端升级到能进行更高速数据传输及支持4G通信各项数据业务的4G终端,也就是说4G通信终端要能在4G通信网络建成后及时提供,不能让通信终端的生产滞后于网络建设。但根据目前的事实来看,在从4G网络技术全面进入商用之日算起的二三年后,消费者才有望用上性能稳定的4G网络手机。

其他相关困难。因为手机的功能越来越强大,而无线通信网络也变得越来越复杂,同样4G网络在功能日益增多的同时,它的建设和开发也将会遇到比以前系统建设更多的困难和麻烦。例如每一种新的设备和技术推出

时,其后的软件设计和开发必须及时跟上步伐,才能使新的设备和技术得到很快推广和应用,但遗憾的是4G网络目前还只处于研究和开发阶段,具体的设备和用到的技术还没有完全成型,因此对应的软件开发也将会遇到困难;另外费率和计费方式对于4G网络的移动数据市场的发展尤为重要,例如WAP手机推出后,用户花了很多的连接时间才能获得信息,而按时间及信息内容的收费方式使用户难以承受,因此必须及早慎重研究基于4G通信的收费系统,以利于市场发展。还有4G网络不仅需要区分语音流量和互联网数据,还需要具备能到数据传输速度很慢的第三代无线通信网络上平稳使用的性能,这就需要通信运营商们必须能找到一个很好的解决这些问题的方法,而要解决的办法就是必须首先在大量不同的设备上精确执行4G规范,要做到这一点,也需要花费好几年的时间。况且到了4G网络技术真正开始推行时,熟悉4G网络技术的经验和专门技术的人才还不多,这样同样也会延缓4G网络技术在市场上迅速推广的速度,因此到时对于设计、安装、运营、维护4G网络技术的专门技术人员还须早日进行培训。

总之,4G网络处于试验阶段,未来机遇与挑战并存。

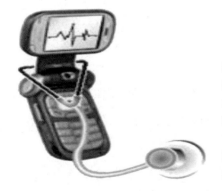

📖 知识链接

杭州开4G网络体验先河

2012年4月起,杭州B1快速公交线免费开放4G网络,使杭州成为我国第一个开放4G网络的城市。中国移动在B1的车头车尾以及公交站台上,都安装了无线路由,可以将4G网络转化成WIFI信号。在网络信号良好的情况下,4G网络下载一首7M大小的高品质歌曲只需1秒钟;下载一张700M的CD只需2分钟;下载一部2.8G的大英百科全书,8分钟可完成;下载一部40G容量的蓝光3D影片,只需两小时。

网络文化

科普档案 ●名称:网络文化　　●特点:民族性、地区性、国家性、以网络物质为基础创造的

> 网络文化是指网络上的具有网络社会特征的文化活动及文化产品,是以网络物质的创造发展为基础的网络精神创造。不同民族地区会出现不同的网络文化,不同的网络文化互相融合,形成国际网络文化。

网络文化是以网络技术为支撑的基于信息传递所衍生的所有文化活动及其内涵的文化观念和文化活动形式的综合体,它包含广义的网络文化和狭义的网络文化两个方面。

广义的网络文化是指网络时代的人类文化,它是人类传统文化、传统道德的延伸和多样化的展现。

狭义的网络文化是指建立在计算机技术和信息网络技术以及网络经济基础上的精神创造活动及其成果,是人们在互联网这个特殊世界中,进行工作、学习、交往、沟通、休闲、娱乐等所形成的活动方式及其所反映的价值观念和社会心态等方面的总称,包含人的心理状态、思维方式、知识结构、道德修养、价值观念、审美情趣和行为方式等方面。

应该讲,自从计算机网络出现,网络文化即开始出现。最初的网络文化还有较多的地球上其他人类社会文化的特征以及计算机文化的特征。这一时期的网络文化应该讲还没有出现。网络作为文化信息的载体传播网络外的其他文化,网络没有创造任何文化。你可以发现网络上传播的小说用的文字、语言、修辞语法都不是网络创造的,网络电影不过是网络外的电影的数字化方式的再现和传播。没有网络,这些小说电影也会出现或者已存在,网络解决的是网络外文化传播的技术问题。

网络社会的出现是社会科学技术发展的产物,它是经传播建立的各种

网上关系。这种关系在很多方面不同于网外关系,网络社会是一个不同于网外社会的社会,这个社会受到网外社会的影响,同时有很多网外社会的特征,这些特征包括网络社会出现前后网外社会的特征。网民发现他们自己要在网上发明一系列方式去表达网民的情感及网络社会的网民生存中悟出的哲理,这些方式是在网络出现之后出现的,完全不同于以往网内外的文化表达方式,此时网络文化才以一种单一的文化存在。

网络文化的主题是社会经济生活的结晶,它涵盖社会生活中的政治、经济行为主体、医疗卫生、娱乐文化、科学技术、教育、外交关系等。网络来源于生活,网络文化的发展归根究底是以社会为基础。

中国也重视网络文化的建设。目前正在积极建设中文域名服务器,开发集思想性、知识性、教育性、艺术性、娱乐性和易操作性于一体的宣传教育软件,不断降低上网费用,提高上网速度;积极开展与各国政府及相关国际组织在互联网技术、标准规范、资源分配、网络接入、互联网治理等方面的交流与合作,建立有效的沟通协商机制,促进互联网快速健康发展。发展好网络文化产业,要做到以先进文化引领网络文化,必须以强大的民族网络文化产业为支撑,不断提高优秀网络文化产品和服务的供给能力。要以市场为依托,不断提高网络文化产业的规模化、专业化、国际化水平,不断增强我国网络文化产业的自主创新能力,大力加强数字图书馆、博物馆、文化馆、艺术馆建设,提高网上公共文化服务水平,引领网络文化产业良性运行。除此之外,要努力形

□ 自从计算机网络出现,网络文化即开始出现

成一支与市场相适应、与品牌相适应、与我们的经济规模相适应的网络文化队伍。要优化人才成长的体制机制,从政策、环境等方面,为网络文化产业人才创业发展提供良好条件。要着力培育网络文化创意、技术、管理、营销等专业人才,建设好互联网信息服务从业人员的准入机制,积极引进在国内外文化产业运作方面有经验、

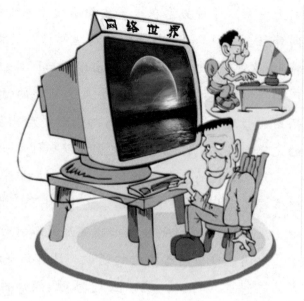

□网络文化管理是一个崭新的课题

有水平的高端人才,投身于我国网络文化建设。

　　网络文化管理是一个崭新的课题。如何通过创新与规范,促进网络文化的和谐发展,已经成为文化发展和创新的要求。加强网络文化管理,就是要充分适应信息技术的发展和形势的变化,积极实施网络文化管理的监督职能、引导职能、规范职能、惩戒职能,加快建立法律规范、行政监督、行业自律、技术保障相结合的网络文化管理体制和机制,推动网络文化健康发展。一要健全法律法规,提高依法管理水平。推进网络文化法制化进程,首先要提高立法质量,把网络管理的立法工作纳入到国家整个法制建设的框架中思考设计;其次要跟踪网络文化的最新动态,加快立法进程,使网络文化建设尽可能做到有法可依;再次要严格执法,对网络上的违规违法、经济犯罪、民事犯罪等做到执法必严,违法必究,保障国家的网络文化安全。二要以技术突破带动网络文化管理水平的提高。网络文化是一种技术文化。技术的发展既有可能给网络文化带来某种威胁,也一定可以运用它来消除这种威胁。从这个意义上说,技术在防范网络文化的偏向问题上发挥着不可替代的作用。以技术手段对网络文化进行管理,一方面要进一步加强对信息技术产品的监控与管理;另一方面要加强网络安全体系建设,通过研

制和开发先进的防范病毒传播和破坏计算机系统的软硬件技术,建造防火墙,启用分级过滤软件,对网上内容进行甄别,将危害国家安全、破坏社会稳定以及淫秽色情等有害信息的网站予以屏蔽、过滤。三要以行业自律为重点,积极推进网络文化健康发展。推进网络行业自律,就是要做到自觉维护主流思想、自觉传播先进文化、自觉抵制低俗之风、自觉维护公平竞争,共同构筑网络诚信。这当中,要充分发挥行业自律组织的作用,充分发挥专业人士在行业自律中的作用,互联网企业要切实肩负起自己的社会责任,加强自律,文明办网。网民也要自律,要通过思想政治工作和网络伦理教育,促使人们自觉树立起网络自律意识,遵守网络道德。

📖 **知识链接**

十七大以来的网络文化建设

党的十七大以来,在学习实践科学发展观活动、北京奥运会、新中国成立 60 周年、上海世博会、广州亚运会、改革开放 30 周年、西藏民主改革 50 周年等一系列重大主题报道中,在拉萨"3·14"事件、乌鲁木齐"7·5"事件、抗震救灾等突发事件报道中,各大网站唱响主旋律,打好主动仗,第一时间、第一现场发布权威声音,在正面宣传、引导社会舆论、服务党和国家工作大局中发挥了重要作用。在庆祝中国共产党成立 90 周年报道中,中央重点新闻网站共发布稿件 450 万篇,图片 180 万张,音视频报道 10 万余条,专题页面总访问量达 30 亿人次,在网上营造了隆重热烈、团结奋进的浓厚氛围。

3G 网络摄像机

科普档案 ●名称:网络摄像机　　●特点:利用 3G 通信技术,智能操作、远程监控、起安防作用

3G 网络摄像机采用最新的 3G 移动通信技术, 针对家庭、小型企业或者特定行业用户监控应用的需求, 设计实现了一种安装简易、操作灵便、性价比高的移动视频监控设备。

3G 网络摄像机通过 3G 无线上网卡接入 3G 网络,3G 无线上网卡分为外置和内置两种形式,外置 3G Modem 采用 USB 口连接到摄像机,可以根据当地 3G 网络制式更换,而内置 3G Modem 更加稳定,只需在 3G 无线监控摄像机上插入 SIM 卡即可使用。3G 网络摄像机与传统的 IP 网络摄像机不同,其不仅提供了通过 Internet 访问的方式,更加创造性地提供了 3G 视频电话通道的监控方式。这样一来,您用普通的 3G 手机,无须安装软件,只需拨打一个视频电话,摄像机实时的监控视频会立刻呈现在眼前,从而让监控变得非常简单。

3G 无线监控摄像机最大的优势是用户永远在线,一旦有警情,摄像机会自动回拨设定的 3G 手机号码,您只要按一个接听键,任何情况都尽收眼底。利用视频电话的音频通道,3G 无线监控摄像机还可以实现现场监听的功能,更便于您了解监控现场的情况。

此外,3G 网络摄像机云台控制、四级变焦控制、遥控录像、手机录像记录浏览、手机设防和撤防、手机号码过滤、访问口令保护、外接传感器等功能,让 3G 网络摄像机成为家庭安防的核心。

通过 3G 拨号上网,3G 网络摄像机可以接入互联网, 通过 DDNS 支持远程 Web 访问,进行互联网监控,并采用 H.264 视频编码。

3G 网络摄像机领先于传统摄像机, 利用现有的综合布线网络传输图

象,并进行实时监控。系统所需的前端设备少,连线乘法简化;后端仅需一套软件系统即可。此系统的主要设备——网络摄像机采用了嵌入式实时操作系统,所需设备简单,而图像的传输是通过综合布线网络实现的。系统的可靠性相当高。系统所需设备极其简单,系统的控制全由后端的软件系统实现,省去了传统模拟监控系统中的大量设备,如昂贵的矩阵、画面分割器、切换器、视频转网络的主机等,由于图像的传输通过综合布线网络,因此省去了大量的视频同轴电缆,降低了费用。设置了不同等级的使用者权限,仅有最高级权限的用户才可以对整个系统进行设置或更改。没有权限的用户是接收不到图像的。图像数据的存储是专有的格式。另外安装极其简单,软件系统的安装及使用也非常易懂。在维护性方面,系统的接线十分简洁,而主要设备的可靠性很高,维护性能好,而且可实现远程维护。当需要增加监控点,监控主机时,只需要通过现有网络增加一台摄像机或 PC 机即可,而不需要对现有布线系统做什么改动。

进入 21 世纪,数字化、网络化的步伐正在逐步加快,随着大规模安防系统在各种公共场所中的应用,通过智能视频监控系统实现预防恐怖袭击和公共治安等突发事件的需求日益增长。目前基于中心处理的智能视频监控系统由于计算能力和通讯带宽等因素限制,无法应用在大规模视频监控应用中,而实施分布式智能视频监控系统是实现大规模智能视频监控应用的基础。具有场景状态感知能力的嵌入式智能摄像机网络是分布式智能视频监控系统的重要组成部分,研究嵌入式智能摄像机的相关问题

□3G网络摄像机

是实施分布式智能视频监控的关键。业内有人也对智能网络摄像机功能实现方案提出了设计原则:

模块化设计。这里所说的模块化设计,主要是指智能化功能模块化。即可嵌入网络摄像机的智能功能中,除其基本功能每个摄像机都需要组成一个模块外,其他功能可由单独模块来实现。这样比较灵活方便,可以根据实际监控应用的需要而选取不同的模块嵌入,从而可减少设计和制造成本,用户也愿意接受。因此,模块化设计不仅可以给厂家的设计和生产带来较大的方便,也比较适合实际的应用需要。

可靠性设计。任何产品都必须要有,即要求系统所设计的产品结构合理、产品经久耐用、系统运行稳定可靠。为此,产品必须进行精良的 EMC 设计,除能承受各种类型的电磁能量 EMS 干扰,以适应各种恶劣环境下不出现故障外,还要求自身的电磁干扰 EMI 性能达到标准,不产生超过标准所要求的电磁能量。

实用化设计。所谓实用化设计,即系统比较实用,操作使用简单方便、环节少、易学等,能自动方便地进行功能设置,能与防盗、防火、门禁等系统联动,自动化程度高,使系统能在实际可能发生受侵害的情况下及时预警。此外,还要求有自检功能,并将自检结果定时上报给管理中心,接受管理中心监控,以便出现故障立即维护。

经济性设计。在考虑系统经济性时,除考虑降低系统的研发成本、生产成本外,还要顾及系统的使用成本,即包括使用期间的维护费、备件费等。为获得较高的性价比,设计时不应盲目追求复杂的方案。在满足性能指标的前提下,尽可能采用精简的方案设计,即意味着结构简单、可靠性高、成本较低。

总之,未来的网络摄像机有几大发展趋势:

分辨率不断提高。网络摄像机的发展可以说是一日千里,除了目前市场上已经出现较多的百万像素, 如九鼎集团的 130 万像素、200 万像素外,300 万像素、500 万像素、800 万像素的网络摄像机产品已经在市场上出现,甚至千万及千万以上像素的产品也开始在监控行业中露出端倪。可以说,人们在追求看得更清楚的路上将永不止步。

随着技术的发展，CMOS传感器的性能正在得到快速提升。CMOS传感器响应速度比CCD快，因此更适合高清监控的大数据量特点。从市场方面来看，CCD的传统生产厂商SONY已经开始把重心移向了CMOS传感器，在其生产的高清网络摄像机中更是几乎清一色地采用了CMOS传感器，这也许可以看作是CMOS传感器的一个阶段性胜利。

通过集成系统不但可大幅降低系统成本，更能大大增强视频的稳定性，优化影像在光学方面的性能。这对于提升高清网络摄像机的成像品质具有极其重要的作用。

目前在高清网络摄像机中已经实现或者正在实现的智能分析功能有：视频遮挡与视频丢失侦测、视频变换侦测、视频模糊侦测、视频移动侦测、出入口人数统计、人群运动及拥堵识别、物品遗留识别、入侵识别等。这些功能看上去比过去的智能分析功能要"逊色"得多，但却更为实用。

图像质量是任何一款摄像机的重要性能指标之一，特别是在一些特殊场合，图像质量的重要性更显重要。如果摄像机无法提供高质量的视频画面，探讨其他的因素和功能特性也就变得毫无意义。超清晰的图像质量可以使用户更精确地追踪画面中的细节和变化情况，并能够更快更好地做出决定，从而可以为人员和财产提供更加有效的保护。

📖 **知识链接**

3G摄像机的智能化趋势

在一个大型的安防监控系统中，监控中心的值班人员最多可能看几十路视频图像。如果某一路视频图像被遮挡或丢失时，大多是这一路摄像机被人为遮挡或破坏或本身故障，而值班人员很难在第一时间发现，这有可能会带来安全隐患。但当系统具有视频遮挡或视频丢失侦测感知的智能识别与报警功能时，值班人员则能第一时间进行查看与处理，从而可消除视频图像被遮挡或丢失所造成的安全隐患。

网络广告

科普档案 ●名称:网络广告　　●特点:投入成本低、风险小、点击量大、价值推广力度强

　　网络广告就是利用网站上的广告横幅、文本链接、多媒体的方法,在互联网上刊登或发布广告,通过网络传递到互联网用户的一种广告运作方式。网络广告具有得天独厚的优势,是实施现代营销媒体战略的重要组成部分。

　　与传统的四大传播媒体(报纸、杂志、电视、广播)广告相比,网络广告是借助互联网快速传递的一种运作方式,通过图文或多媒体方式发布赢利性商业广告,是在网络上发布的有偿信息传播,对于中小企业扩展无疑是一个好途径。

　　网络广告的组成是复杂的,是基于计算机、通信等多种网络技术和多媒体技术的广告形式,其具体操作方式包括注册独立域名,建立公司主页;在热门站点上做横幅广告(Banner Advertising)及链接,并登录各大搜索引擎;在知名BBS(电子公告板)上发布广告信息,或开设专门论坛;通过电子邮件(E-mail)给目标消费者发送信息等。

　　目前,网络广告的市场正在惊人地增长,网络广告的效用显得越来越重要。甚至有人认为互联网络将成为传统四大媒体(电视、广播、报纸、杂志)之后的第五大媒体。同传统的广告媒体相比,网络广告通过互联网把广告信息24小时不间断地传播到世界各地,这是传统媒体无法做到的。网络广告还可以根据客户的需求快速制作并及时变更广告内容,弥补了传统广告的不足之处,风险小,制作成本较低。另外网络广告可以投放给特定的人群,甚至可以根据不同来访者的特点进行一对一投放,这样在一定程度上保证了广告的宣传效果。

　　传统的广告信息是单向的,企业推出什么内容,消费者就只能接受这

种内容。网络广告突破了这种局限，实现了信息的双向互动。通过链接网络广告，用户可以得到更多、更详尽的信息。

□ 网络广告

除此之外，网络广告还具有更多的价值:品牌推广。网络广告最主要的效果之一就是对企业品牌价值的提升,在所有的网络营销方法中,网络广告的品牌推广价值最明显。同时,网络广告丰富的表现手段也为展示产品信息和企业形象提供了条件。

网站推广。网站推广是网络营销的主要职能,网络广告对于网站推广的作用很明显,通常在网络广告中出现的"点击这里"按钮就是证明。网络广告通常会链接到相关的网站首页,用户对于网络广告的每次点击,都意味着为网站带来了访问量。因此,网络广告形式对网站推广具有明显的效果。

销售促进。用户通过接触各种形式的网络广告,已成为影响其购买的重要途径,尤其当网络广告与网上商店营销手段结合时,效果更为显著。

在线调研。网络广告的在线调研表现在多个方面,如对消费者行为的研究、对于在线调查问卷的推广、对于各种网络广告形式和广告效果的测试、用户对于新产品的看法等。通过开展在线调查,可以迅速获得用户群体的信息,从而提高市场调查的效率。

顾客关系。网络广告具有的用户跟踪分析功能为帮助了解用户的需求提供了必要的信息,这种信息成为网上调研的主要内容,也为建立和改善顾客关系提供了可能性。

信息发布。网络广告是一种向用户传递信息的手段,通过网络广告投放,既可以将信息发布在自己的网站上,也可以发布在用户数量更多,而且用户定位程度更高的网站上面,从而获得更多用户的关注,大大增强信息发布功能。

网络广告发源于美国。1994 年 10 月 27 日,美国一家著名的杂志推出了网络版的杂志,并首次在网站上推出了网络广告,这标志着网络广告的诞生,具有里程碑式的意义,而且当时的网络广告点击率达到了 40%。

中国的第一个商业性的网络广告出现在 1997 年 3 月,广告表现形式为 468×60 像素的动画旗帜广告。Intel 和 IBM 是国内最早在互联网上投放广告的广告主。一直到 1999 年初中国网络广告才稍有规模。经多年的发展,网络广告行业已经慢慢走向成熟。

在 2000 年以前,以新媒体身份出现的网络媒体面对传统媒体,大多采取了精准投放为诉求的网络广告营销模式。百澄传媒机构是从事互联网新技术开发及应用的新型科技传媒公司。其中多项技术处在世界领先地位,是业界领先的精准广告系统化运营商;确立以用户(网民)为核心的商业运营模式;服务范围贯穿用户分析、统计评估、媒介分析、投放策略、广告邀约、定制投放及优化管理、效果评测等全方位链条,使广告主有针对性地定向投放,让用户变被动为主动,给企业带来很好的广告效果。

随着国内互联网尤其是电子商务的迅速发展,互联网广告在企业营销中的地位和价值就越显重要。选择上网淘金,将成为中国企业的必然之路。

📖**知识链接**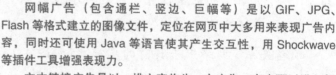

网络广告的主要形式

网幅广告(包含通栏、竖边、巨幅等)是以 GIF、JPG、Flash 等格式建立的图像文件,定位在网页中大多用来表现广告内容,同时还可使用 Java 等语言使其产生交互性,用 Shockwave 等插件工具增强表现力。

文本链接广告是以一排文字作为一个广告,点击可以进入相应的广告页面。这是一种对浏览者干扰最少,但却较为有效的网络广告形式,有时候,最简单的广告形式效果却最好。

电子邮件广告具有针对性强、费用低廉的特点,且广告内容不受限制。特别是针对性强的特点,它可以针对具体某一个人发送特定的广告,为其他网上广告方式所不及。

网络营销

科普档案 ●名称:网络营销 ●特点:以互联网为载体实现交易、方便快速

　　网络营销产生于 20 世纪 90 年代，是以互联网为载体，按照网络传播的方式、方法和理念进行的营销活动。网络营销的产生和发展有 3 个条件——信息技术的发展、消费者价值观的改变、激烈的商业竞争。

　　网络营销就是以国际互联网为基础，利用数字化的信息和网络媒体的交互性来实现营销目标的一种市场营销方式。

　　网络营销是企业整体营销战略的一个组成部分，以实现企业总体经营目标为目的，以互联网为手段的一种营销活动。也就是说，网络营销就是以互联网为主要手段开展的营销活动。

　　随着互联网技术发展的成熟以及成本的降低，企业、团体、组织以及个人越来越多地联合在一起，互相之间信息的交换也越来越容易。这种交换的普遍化为交易带来了可能。如果没有信息交换，那么交易也就是无本之源。正因如此，互联网具有营销所要求的某些特性，使得网络营销呈现出一些特点。在营销界中，传统的营销经典已经难以适用，新型的网络营销模式正在逐步取代传统营销模式，它具有以下特点：

　　公平性：公平性只是指网络给不同的公司、不同的个人提供了平等的营销机会，并不意味着财富分配上的平等。

　　虚拟性：由于互联网改变了传统的时空概念，出现了虚拟空间或虚拟社会。

　　对称性：网络营销中，互联性大大减少了信息的非对称性，而且消费者可以从网上任意搜索信息，并能得到许多咨询服务。

　　复杂性：网络总的来说是一个新鲜事物，这就使得网络营销本身就具

有复杂的特性。

垄断性:网络营销的垄断是短期存在的，随着新技术的不断出现,会出现新的垄断者替代旧的垄断者。

多重性:在网络营销中,一项交易通常会涉及多方利益。

快捷性:由于互联网的快速便捷,你可以搜索到所需要的任何信息,对市场做出即时反应,这在传统营销模式中是无法完成的。

□网络营销

全球性:互联网超越了国界、地区、区域的限制,使得整个世界的经济活动紧紧联系在一起。信息、货币、商品和服务的快速流动,加速了世界经济一体化的进程。

网络营销按照服务对象可分为个人网络营销和企业网络营销。个人网络营销是指个人通过网络的方式进行营销,目前这种方式已经广泛地被广大网民使用,典型的营销如广大的"淘宝卖家"。

企业网络营销是互联网营销的主要力量,大量的企业都通过网络营销的方式拓展自己的业务。

网络营销按照应用范围可分为:

一、整合网络营销

网络营销是企业整体营销战略的一个组成部分,是为实现企业经营目标所进行的,以互联网为基本手段营造网上环境的各种活动。这个定义的核心是经营网上环境,这里可以理解为整合营销所产生的一个创造品牌价值的过程。

二、颠覆式网络营销

颠覆式网络营销要求企业跳出普通模式，以高端的商业策划为指导,突破常规网络营销方法,创造出独特、新颖、创意、吸引、持久的颠覆式网络营销方法。

三、社会化媒体营销

社会化媒体营销就是利用社会化网络、在线社区、博客、百科或者其他互联网协作平台媒体来进行营销、销售,公共关系和客户服务维护开拓的一种方式。社会化媒体营销工具包括论坛、微博、博客等。

四、非对称网络营销

非对称竞争是传统企业新起的一种理念,2010年在网络营销爆发的时代,企业以自身定位为主,依靠精装、放大、唯一、记忆、侧面品牌、差异化优势的网络营销方法取得网络营销效果。

五、量贩式网络营销

也称量贩式网络推广,网络营销市场在国内刚刚起步,服务水平高低不同,需要一种量贩化的网络营销方式来指导规范行业发展。

网络营销按具体推广方式分为口碑营销、网络广告、媒体营销、事件营销、搜索引擎营销(SEM)等。

想实现网络营销需要3个步骤:

第一步是建立自己的企业网站,并且把它定位于营销型的网站。

第二步是通过多种网络营销工具和方法来推广和维护自己的企业网站。

第三步是网站流量监控与管理。

2012年全球网民总数量(以独立访问用户量为标准)超过19亿,几乎达到全球总人口的1/3。庞大的上网人数,带来了商机。欧美国家90%以上的企业都有自己的网站;如果企业想购买些什么,在网上进行初步的查找和选择后,再与供应者取得联系。网上巨大的消费群体特别是企业的商务消费,给网络营销提供了广阔的空间。网络营销的跨时空性对整个营销产生巨大的冲击。

随着中国网络营销的发展壮大,中国企业对网络营销人才的需求不断加大。网络营销相关岗位的需求与日俱增。在我国,网络营销起步较晚。

1997~2000年是我国网络营销的起始阶段,电子商务快速发展,越来越多的企业开始注重网络营销。

2000年至今,网络营销进入应用和发展阶段,网络营销服务市场初步形成:企业网站建设迅速发展;网络广告不断创新;营销工具与手段不断涌现和发展。

到2008年6月底,中国网民高达2.53亿,居世界第一位,网购人数达6329万人。

到2009年年底,中国网民高达近4亿,居全球第一。

到2010年6月,总体网民规模达到4.2亿。

到2011年6月底,我国网民总数达到4.85亿,互联网普及率为36.2%,较2010年年底提高1.9个百分点。

截至2011年12月底,中国网民数量突破5亿,达到5.13亿,全年新增网民5580万。互联网普及率较上年底提升4个百分点,达到38.3%。

目前,网络调研、网络广告、网络分销、网络服务、网上销售等网络营销活动,充满了互联网的各个角落。

在信息网络时代,网络技术的应用改变了信息的分配和交流方式,转变了人们的生活、工作和学习环境,企业也正在利用网络新技术的快速发展来促进企业的发展。企业如何在潜力巨大的市场上开展网络营销、占领新兴市场,对企业既是机遇又是挑战。网络营销也产生于消费者价值观的变革:满足消费者的需求,是企业经营永恒的核心。利用网络这一平台为消费者提供各种类型的服务,是取得未来竞争优势的重要途径。

📖 知识链接

网络营销产生的意义

网络营销是人类经济、科技、文化发展的必然产物,网络营销不受时间和空间限制,在很大程度上改变了传统营销的模式和观念。网络营销对企业来讲,提高了工作效率,降低了成本,扩大了市场,给企业带来巨大的社会效益和经济效益。与传统营销相比,网络营销更具有国际化、信息化和无纸化的特征,所以说,网络营销已经成为世界各国营销发展的趋势。

网上购物

科普档案 ●名称:网上购物　　●特点:方便快捷、无时空限制、有利于资源整合

　　网上购物,就是通过互联网查找商品,并通过电子订购单发出购物请求,然后填上私人支票账号或信用卡的号码,厂商通过邮购的方式发货,或是通过快递公司送货上门。

　　网上购物已经成为一种时尚。与传统购物相比,网上购物主要借助于互联网,通过一个购物的引擎来搜索商品。购物搜索是给消费者提供的比较资料,这些资料展现了不同零售网站的商品价格、网站信用度、购物方便性等。据统计,美国70%以上的网上购物是通过购物搜索完成的。国内的网上购物,付款方式是款到发货(直接银行转账,在线汇款)、担保交易(淘宝支付宝,百度百付宝,腾讯财付通等)、货到付款3种方式。

　　目前网上购物的种类越来越多,像C2C淘宝网、百度有啊、腾讯拍拍、当当网等,都是个人对个人交易,而淘宝商城、亿汇网、京东商城等是商铺对个人交易,还有一些S2C中小型店铺是店铺对个人交易。

　　网络购物的繁荣发展无论对消费者、商家还是市场经济都有好处:消费者可以在网上"逛商店",订货不受任何时空限制;通过网络可以查到商品的有关比较信息,从而选出最好的商

□网络购物的发展有利于市场经济的发展

品;可买到异地的商品;网购采用网上支付的方式,比持现金支付更加安全;从订货、买货到货物上门靠互联网全可办理,省时省力。作为商家,主要担心库存积货、经营成本高、场地受限制等问题,而采取网络售货就能解决这些问题。这种新型的购物模式可有效地实现资源配置,有利于整个市场经济的发展。

网上购物一定程度上弥补了传统购物的缺陷,无论对消费者、企业还是市场都有着巨大的影响,但网购仍然有一些缺陷:①实物和照片差距太大。网购只能看到照片,不如在商场里买到的放心。②不能试穿。网购只能看到照片和商品的简单介绍,而在商场可以试穿,合适就买。③网络支付不安全。网上购物最关键的是银行账户,而使用银行账户就涉及安全问题。建议网购爱好者购物选择淘宝网、京东商城、凡客诚品等正规购物平台。④退货不方便。虽然现实中购物退货也需要很复杂的程序,甚至对产品要有保护的要求,网上退货相对于现实中购物退货更加的困难。

总之,网上购物还是优点大于缺点,尤其在付款方面非常方便,可以使用支付宝、网上银行、财付通、百付宝网络购物支付卡来支付,安全快捷。

下面介绍下财付通付款的步骤:

一、在拍拍网选择您想要购买的商品,确认金额和购买数量,然后点击"确认购买本商品"。

二、进入"购买信息确认"页面或购买下商品后在"我的拍拍"→"已购买的商品"页面,选择"现在去付款"按钮。

□网购爱好者购物应选择淘宝网、京东商城、凡客诚品等正规购物平台

三、核对您的商品购买信息和收货信息，如果没有填写收货信息请立即填写，确认无误后，点击"现在就去付款"按钮。

四、如果"财付通账户"中余额足够支付，您直接输入您"财付通账户"的支付密码，然后点击"确认提交"。若您"财付通账户"中余额不足支付，推荐采用"财付通·一点通关联支付"。如果没有财付通账户，可以选择一家银行通过网上银行支付，然后点击"确认提交"。

□网络购物

五、支付成功后，确认信息即可。

1999 年以前，中国互联网就开始建立购物网站，但当时遭到了经济学界的普遍质疑。这种质疑主要来自 3 个方面：

第一，是否会有足够多的消费者在线购物？到 2000 年，中国的网民人数仅为 890 万，而且大部分人并没有形成网络购物的习惯。

第二，网络购物能否解决物流配送的问题？网络购物需要物流配送体系来支撑，而当时的物流、递送行业处于起步阶段。

第三，网络购物能否解决网络支付的问题？中国人还没有形成刷卡消费的习惯，让人们通过网络来进行银行转账支付，难度很大。

1991 年起，中国先后在海关、外贸等部门开展了 EDI（电子数据交换）的应用，启动了金卡金关金税过程。1996 年，外贸部成立了中国国际电子商务中心。1998 年 7 月，中国商品交易与市场网站正式运行，同时北京、上海启动了电子商务工程。

SARS（非典）打开了中国网上购物的局面。非典出现后，大多人足不出户，于是人们开始尝试着网上购物，越来越多的人也开始接受网上购物。以当当和卓越为代表的商家，开始逐步建立起自己的市场基础。

2006 年,中国的网购市场开始进入第二阶段,网民数量比 2001 年增长了十几倍。2007 年是中国网络购物行业快速发展的一年,市场规模达到 43 亿元,当当网以 14.6% 的市场份额居第一位,卓越达到 11.9%,北斗手机网、京东商城分别以 9.7% 和 8.1% 位列第三、四位。

随着互联网的普及,网络购物成为一种重要的购物形式。根据中国互联网络信息中心(CNNIC)2012 年 1 月发布的《第 29 次中国互联网络发展状况统计报告》显示:截至 2011 年 12 月底,中国网民规模达到 5.13 亿,全年新增网民 5580 万;互联网普及率较上年底提升 4 个百分点,达到 38.3%。中国手机网民规模达到 3.56 亿,同比增长 17.5%,与前几年相比,中国的整体网民规模增长进入平台期。

目前,我国网络购物用户达到 4 亿,真正进入了全民网购时代。网购平台也不断增加,专业购物搜索引擎如迅购网、返利网、一找网凭借自身特色迅速崛起,用户数量也日益增多。但竞争是残酷的,加上互联网风云变幻,购物搜索未来是机遇与挑战并存的。

📖知识链接

网上购物陷阱

低价诱惑。如果许多产品以市场价的半价甚至更低的价格出现,就要提高防范,特别是名牌产品,除了二手货或次品货,正规渠道的名牌不会以太低的价格出售。

高额奖品。有些不法网站、网页,通常会利用巨额奖金或奖品诱惑消费者购买其产品,这属于典型的诈骗行为。

虚假广告。有些网站提供的产品说明夸大甚至虚假宣传,购买到的实物与网上看到的样品不一致。

设置"霸王条款"。一些网站的购买合同使用"霸王条款",对网上售出的商品不承担责任。

网络犯罪

科普档案 ●**名称:**网络犯罪　●**特点:**高科技化、具有隐蔽性、低龄化、深厚的历史渊源

> 网络犯罪是指运用计算机技术，借助于网络对其系统或信息进行攻击，破坏或利用网络进行其他犯罪的行为，其表现是危害网络及其信息的安全与秩序。网络犯罪已经是不可忽视的一种社会现象。

网络犯罪是一种高科技犯罪,犯罪行为依靠计算机来完成。犯罪主体运用编程、加密、解码技术或软件指令、网络系统或产品加密等技术及法律规定上的漏洞实施犯罪,其结果是危害网络及其信息的安全与秩序。

网络犯罪始于 20 世纪 60 年代,70 年代迅速增长,80 年代形成威胁,美国网络犯罪给美国造成了千亿美元的损失,英国、德国的损失也都达到几十亿美元。我国从 1986 年开始每年出现至少几起网络犯罪，到 1993 年案件数量猛增，近几年网络犯罪的案件以每年 30% 的速度递增,其中金融行业发案率最高,占 61%,平均每起金额都在几十万元以上。

网络犯罪可分为两种:

①在计算机网络上实施的犯罪种类:非法侵入计算机信息系统罪;破坏计算机信息系统罪。表现形式有：袭击网站；在线传播计算机病毒。②利用计算机网络实施的犯罪种类:利用计算机实施金融诈骗罪、

□网络犯罪的案件中，以金融行业的发案率最高

盗窃罪；利用计算机实施贪污、挪用公款罪；电子盗窃；网上毁损商誉；在线侮辱、毁谤；网上侵犯商业秘密；网上组织邪教组织；利用计算机窃取国家秘密罪；利用计算机实施其他犯罪：电子诓诈；网上走私；网上非法交易；电子色情服务、虚假广告。

网络犯罪作为一种不可忽视的社会现象出现，包含几方面的因素：

黑客文化。黑客的历史可追溯到 20 世纪 60 年代，黑客们往往胸怀大志，恃才傲物，都自认为是电子世界的佼佼者，而且对电子信息网络技术的应用不满意。一方面热衷于炫耀自己的电子技术才华；一方面蔑视所有的法规。这两个方面正是网络犯罪的观念根源。

网络技术的局限。计算机技术发展到今天，电子信息网络技术始终致力于信息资源的共享，而信

□ 网络犯罪的表现——欺诈

□ 网络犯罪的表现——赌博

□ 网络犯罪的表现——侵犯个人隐私

息防护技术却一直滞后,这就刺激了网络犯罪的发生。

法制建设滞后。为保护计算机电子信息系统和网络的安全,打击网络犯罪,各国政府都在积极进行法制建设工作。到了20世纪90年代,有关网络犯罪的法规已比较成熟,但规定内容中的具体内容过少,对网络犯罪起不到太大作用。

社会观念存在误区。社会上存在一种观念认为网络技术是未来技术,是属于年轻一代掌握的技术,从而忽视了中老年人这一群体。可是青少年的道德观念和法制观念都还处在形成阶段,自律性较差,如果不能及时得到中老年人的引导,很容易违法犯罪。

随着互联网技术的发展,网络犯罪也呈现出多种特点,其中智能型犯罪越来越引起社会关注。网络犯罪手段的技术性和专业化赋予了犯罪智能性。犯罪主体大多是掌握计算机技术和网络技术的专业人士,他们能找出网络的缺陷与漏洞,对网络系统进行破坏。而且犯罪行为瞬间可完成,不留痕迹,侦破难度极大,同时网络犯罪有极高的隐蔽性,更增加了犯罪案件的侦破难度。犯罪主体的低龄化占整个犯罪的比例也越来越高,从目前发现的例子来看,犯罪分子多数是具有一定学历,知识面宽的年轻人,其中年龄最小的只有18岁。

在科技发展迅猛的今天,网络犯罪的手段也越来越高科技,越来越复杂,因而维护网络安全就变得越来越重要,世界各国都采取不同的技术方法来防范网络犯罪。网络犯罪是利用计算机技术和网络技术实施的高科技犯罪,因此,防范网络犯罪首先应当依靠技术手段,以技术治网。主要措施有:

防火墙(Firewall)技术。该软件利用一组用户定义的规则来判断数据包(Package)的合法性,从而决定接受、丢弃或拒绝。

数据加密技术。计算机信息在传输过程中,存在泄露信息的可能,因此需要加密来防范。

利用掌上指纹扫描仪将用户的指纹记录下来,存入指纹档案库,扫描仪还会对照用户的指纹,当指令与指纹均相符时,才能进入系统。

日本学者西田修认为：计算机犯罪完全可能发生。从电子计算机使用系统的现状来看，它根本无法防范。而且在现阶段无法防范也绝不是什么"耻辱"的事情。我们所要做的只是随着时间的推移，使电子计算机的"防御系统"强健起来。这件事是使用电子计算机的企业对社会应负的责任。怎样才能使计算机和网络信息系统的"防御系统"强健起来，不少学者进行了认真的探讨。有学者指出，网络犯罪行为人往往都精通电脑及网络技术，包括安全技术，因而侦察与反侦察、追捕与反追捕的战斗，将在很大程度上体现为一场技术上的较量。只有抢占技术制高点，才有可能威慑罪犯，并对已经实施的网络犯罪加以有效打击。

如果仅从技术层面来防范网络犯罪，现今已远远不够，因为再先进的技术，也会有漏洞。所以要有效地防范网络犯罪，必须实行依法治网。

加强人们的网络道德观念也是必不可少的。网上虚拟性，淡化了人们的道德观念，同时也削弱了相应的道德意识，所以加强道德教育，提倡网络文明，培养人们正确的道德观，是预防网络犯罪的重要手段。总之，把法治与德治结合起来，才能更加有效的预防网络犯罪，真正从根源上解决问题。

知识链接

网络犯罪的构成和特征

网络犯罪由犯罪主体及犯罪主观方面、犯罪客体及犯罪客观方面构成。犯罪主体是指进行网络犯罪的主体是具有一定计算机专业知识水平的行为人。犯罪主观方面指主体通过输入输出设备打入指令或者利用技术手段突破系统的安全保护屏障，利用计算机信息网络实施危害社会的行为。犯罪客体计算机网络犯罪所侵害的，为我国刑法所保护的社会关系。客观方面指犯罪客观方面是刑法所规定的、说明行为对刑法所保护的社会关系造成侵害的客观外在事实特征。表现为网络色情传播，以及犯罪网络侮辱、诽谤与恐吓等。

悄然到来的云时代

科普档案 ●名称:云计算　●特点:信息处理速度快、运算功能强大

　　云计算是一种依托于互联网的新型服务模式。从最早被提出到现在已经有 20 年了。它以类似于超级电脑的强大运算功能得到了互联网用户的青睐。

　　云是什么？云其实是网络、互联网的一种比喻说法,是一种类似于超级电脑,拥有强大运算功能的服务。首先通过网络,把计算处理程序自动地分为无数个子程序,再由服务器搜索、计算分析,最后把处理结果返还给用户。利用云技术,远程的服务供应商可以在数秒之内,快速处理大量客户信息。

　　云计算,显而易见,是一种基于互联网的计算方式。通过这种方式,可以把共享的网络资源按需提供给计算机和其他终端设备。这种运行结构很像生活中的电网结构。云计算分为广义云计算与狭义云计算。广义云计算是指客户服务的交付和使用模式。这种服务可以是与互联网、软件类相关的,也可以是其他的服务。狭义云计算单指 IT 基础设施的交付和使用模式。其实云计算服务模式和生活中的水循环相似,通常云计算服务具备以下几种特征:

　　1.通过互联网来处理用户的大量信息。

　　2.用户可以更容易地参与,不需要依赖 IT 专业知识。

　　3.实现动态的、可伸缩的扩展。

　　4.互联网按需求提供网络信息资源、按使用量付费。

　　5.减少用户终端的处理负担,使客户更方便地使用互联网。

　　尽管云计算服务的特征十分鲜明,可人们还是容易把它与其他几种计

算服务相混淆。①网格计算。由一群松散的计算机集组成的执行大型任务的一个超级虚拟计算机。②效用计算。IT网络资源的一种打包和计费方式，像传统的公共设施一样，分别计算、存储计量费用。③自主计算。可以进行自我管理的计算机系统。

□互联网进入云时代

虽然云计算服务与其他计算服务有区别，但也有一定的联系。云计算是网格计算、分布式计算、并行计算、效用计算等传统计算机技术和网络技术共同发展融合的产物。

目前云计算服务产业分层为3级：云软件、云平台、云设备。

上层分级：云软件。以往只有少数人在上门提供服务，现在所有人都可以在上面任意提供各式各样的软件服务。目前提供服务的群体包括了世界各地的软件开发者。

中层分级：云平台。这种程序开发平台与操作系统平台一样，开发人员可以通过网络撰写程序与服务，一般消费者也可以在上面运行程序和服务。目前参与者包括Google、微软、苹果、Yahoo。

下层分级：云设备。将IT系统、数据库等基础设备集成起来，分隔成不同的房间供企业租用。参与者包括英业达、IBM、戴尔、升阳、惠普、亚马逊。

云计算的概念和应用从提出到现在经历了20余年的历程。

1983年，太阳电脑提出"网络是电脑"。

2006年3月，亚马逊推出弹性计算云服务。

2006年8月9日，在一次搜索引擎大会上（SES San Jose 2006），Google首席执行官埃里克·施密特（Eric Schmidt）首次提出"云计算"（Cloud Computing）的概念。

2007年10月，在美国卡内基梅隆大学、麻省理工学院、斯坦福大学、加州大学伯克利分校及马里兰大学等地,Google 与 IBM 首次开始推广云计算计划,这个计划降低了分散式计算技术在学术研究方面的成本,并为这些大学提供相关的软硬件设备及技术支持。

2008 年 1 月 30 日,Google 与台湾"台大"、交大等学校合作,宣布启动"云计算学术计划",第一次把这种先进的大规模、高速计算技术推广到中国的大学校园。

2008 年 7 月 29 日,雅虎、惠普和英特尔宣布了一项覆盖美国、德国和新加坡的联合研究计划,推进云计算。这个计划中,需要创建 6 个数据中心,作为云计算研究试验平台,并且每个数据中心都配置 1400~4000个处理器。

2010 年 3 月 5 日,Novell 与云安全联盟(CSA)共同宣布一项供应商中立计划,名为"可信任云计算计划"。

2010 年 7 月,美国国家航空航天局和 Rackspace、AMD、Intel、戴尔等支持厂商共同宣布"OpenStack"开放源代码计划;2010 年 10 月微软表示支持OpenStack 与 Windows Server 2008 R2 的集成; 2011 年 2 月, 思科系统正式加入 OpenStack,重点研制 OpenStack 的网络服务。

我国在云计算的服务方面起步较晚,目前只应用在教育方面。

一、远程课堂

在互联网上通过收看远程教育频道,实现远程听课(同屏三路直播:学生一路视频、老师一路视频、老师一路电脑屏)、在线学习(课后回顾),同时考虑到了一些不能来到学校上课的学生,通过在线学习,不耽误课程。其他学校学生也通过收看教委平台的频道,可以在家、图书馆或其他地方,参与学习,也可以在任何有互联网的地方观看课堂录像,完成学习任务。真正实现区内学校资源、教育资源的平衡化、公平化。

二、学生实训电视台

有一些学校建立多个实习电视台,通过事先公告排定活动,让学生社团主持现场直播电视节目,直播时师生可以共同收看,活动过程可以被录制成视频档案,通过事后编辑,作为点播教材。所有的资料不仅在本校网站上发布,也可以合并在教委资源网上,方便其他学校共同收看与学习。

三、电视转播

采用云计算方式,可以建立自己的网络教育电视台,如中央十套、教育电视台等,这样,教育管理部门可以根据自己教学规划确定所选的频道,然后采集在平台上。观看时可以根据学习的需要选择观看。教育主管部门可将各学校的直播信号整合后,传给没有直播采集信号的学校,实现资源的合理利用,减少学校的重复投资,实现教育资源均衡化。

四、红色教育

将有教育意义和学习价值的一些经典电影、教育片、故事片、纪录片等集中存放到视频服务器中,师生课后可以点击学习。红色教育基地利用云计算技术,可以实现批量添加,智能识别等功能,极大地方便了师生。并且,所有学校的教育资源可以自动共享。

互联网的精神实质是自由、平等和分享。作为一种最能体现分享精神的云计算,必将在不远的将来展示出强大的生命力,并将从许多方面改变我们的工作和生活。

📖 知识链接

云计算的优势

云计算可以轻松实现设备与设备之间的数据与应用共享。而且云计算提供了最可靠、最安全的数据存储中心,用户不用再担心数据丢失、病毒入侵等问题。另外云计算对用户端的设备要求最低,使用起来也最方便。总之,云计算为我们使用网络提供了无限多的可能。

网络学校

科普档案 ●**名称:**网络学校　　●**特点:**不受时空限制、资源最大化

网络学校简称为网校,是替代正规教育或辅助正规教育的一种网络产物。借助网络、网络课件,开展教学活动,打破了时间和空间的限制,对于工作繁忙、学习时间不固定的人群,网络远程教育是最佳的学习方式。

网络学校,起源于互联网泡沫经济时代,是以网络为介质的教学方式。通过网络,学生与教师相隔两地也可以开展教学活动,借助网络课件,学生还可以随时随地进行学习。

与传统教育方式相比,网络教育完全地突破了传统限制:突破时空的限制;提供更多的学习机会;采用特定的传输系统和传播媒体进行教学;学生与教师分离;信息的传输方式多种多样;学习的场所和形式灵活多变。通过这种模式可以扩大教学规模;提高教学质量;降低教学的成本。基于网络教育的优势,网校已成为一种学习的主流趋势。其主要特点如下:

(1)方便快捷。在网络信息化的今天,远程教育已经走在了时代的前沿,学生想获得知识不再仅仅凭传统的方式,只要通过网络就能第一时间获取。

(2)网络学校一般都采用名师录制课件讲解。学生可以接受到全国顶级名师的指导,这是传统教育所实现不了的。

(3)网络学校提供全方面的服务。学生往往可以享受24小时答疑服务,更加人性化。同时也有助于提问者和学习者更好地掌握知识。

(4)网络学校培训费用低廉。利用了网络这个便捷的平台,省去了面授的教室占用,招生宣传等费用。

网络学校的出现,是必然的趋势,它有以下优点:

一、资源利用最大化

各种教育资源通过网络跨越了空间距离的限制,使学校的教育成为可以超出校园向更广泛的地区辐射的开放式教育。同时学校能自由发挥自己的学科优势和教育资源优势,把最优秀的教师、最好的教学成果传播到网络,等于是建立起学校的网上名片,塑

□ 网络学校的教学设备

造了互联网的学校教育品牌形象;建立起教学信息和资源的网上便捷共享平台,实现教育教学资源的有效整合。

二、学习行为自主化

网络教育便捷、灵活,在学习模式上最直接体现了主动学习的特点,充分满足了现代教育和终身教育的需求。

三、学习形式交互化

网络学校架设起一个学生与教师、家长与学校之间顺畅沟通、交流互动的平台,让教师与学生、学生与学生之间通过网络进行全方位的交流,拉近了双方之间的心理距离,增加了交流机会和范围。并且通过计算机对学生提问类型、人数、次数等进行的统计分析使教师了解到学生在学习中遇到的疑点、难点和主要问题,更加有针对性地指导学生。另外,网络学校通过良好的资讯展示形式,实现校务信息、资讯的透明公开;实现学生资料(成绩、学籍)、教学设备、教学资源的网络化管理;建立多种教学基地,实现多种手段辅助教学(如:视频教学、PPT 教学);多种途径地展示教师、学生、学校、院系的科研论文、科研成果;加深加强家长与学校之间的互动,共同提升教学质量。

四、教学形式修改化

在线教育中,运用信息数据库管理技术和双向交互功能,可以对每个

网络学员的个性资料、学习过程和阶段情况等实现完整的系统跟踪记录，还可根据系统记录的个人资料，针对不同学员提出个性化学习建议。

五、教学管理自动化

计算机网络的教学管理平台具有自动管理和远程互动处理功能，比如远程学生的咨询、报名、交费、选课、查询、学籍管理、作业与考试管理等，都可以通过这个平台完成。

目前北京大学、中国人民大学、清华大学、北京交通大学、北京航空航天大学、北京理工大学、北京科技大学、北京邮电大学等学校都开设了网络教育学校。

虽然参与网络学习的人多，但其只专注于课堂授课的内容，所以传统教学中的面对面互动所达到的沟通、情感表达、人格塑造是网络学习所欠缺的。而且网络学习的内容，也不一定符合学生的需求，广告宣传还会给人产生误导。

📖知识链接

网络泡沫

互联网与"泡沫"联姻已有多年，而今双方似乎成了一枚硬币的两面，相互映照。互联网发展太快、太神奇、也太刺激，超出了人类理解的范畴，使用"泡沫"一词来形容最安全、最恰当。但是，互联网本身似乎蕴含着无穷的内涵，远远超过了我们目前的最大胆的估计和预见。因为互联网不仅仅是一项技术，也不仅仅是一项应用，甚至不仅仅是一次技术变革，而是一场真切的技术革命，它对应的是一种全新的文明，一个全新的世界。

网络会议

科普档案　●名称:网络会议　　　　　●特点:综合了软件和硬件的优势,应用范围广,共享功能强

网络会议是利用因特网这一强大功能,通过相关网络设备举行会议,参与人数不限,地点没有特别要求。适用于政府部门、公司企业等机构。未来将取代传统会议模式,更大地方便于办公人群。

网络会议系统是个以网络为媒介的多媒体会议平台,使用者可突破时间地域的限制通过互联网实现面对面般的交流效果。系统采用先进的音视频编解码技术,保证产品清晰的语音和视频效果;强大的数据共享功能更为用户提供了电子白板、网页同步、程序共享、演讲稿同步、虚拟打印、文件传输等丰富的会议辅助功能,能够全面满足远程视频会议、资料共享、协同工作、异地商务、远程培训以及远程炒股等各种需求,从而为用户提供高效快捷的沟通新途径,有效降低公司的运营成本,提高企业的运作效率。它可以利用互联网实现不同地点多个用户的数据共享。网络视频会议是网络会议的一个重要组成部分,而根据会议对软硬件的需求程度,大致可以将其分为硬件视频、软硬件综合视频会议、纯软件视频会议以及网页版视频会议4种形式。

硬件视频会议具有音视频效果好、稳定性高但造价昂贵且维护困难的特点,早期主要在政府部门、跨国企业中应用,随着软件视频会议的兴起,现在已经逐渐被代替。

软硬件综合视频会议结合硬件和软件的优势,但是也存在价格比较昂贵、维护困难的特点,所以目前应用范围不广。

软件及网页版视频会议是当前视频会议的主流趋势,也是未来的发展趋势之一,目前已经被广泛应用在政府、军队、公安、教育、医疗、金融、运营

商、企业等领域，是基于 PC 架构的视频通信方式，主要依靠 CPU 处理视、音频编解码工作，其最大的特点是廉价，且开放性好，软件集成方便。随着网络条件的提高、技术的进步，软件视频会议在稳定性、可靠性方面越来越好，已经可以媲美硬件视频系统，并以硬件的百分之一甚至更低的价格赢得了众多用户的青睐，正大规模地普及。

网络会议早已不再是新鲜事，近些年来，随着网络的普及，网络会议也得到越来越多的政府和企业的支持。2008 年很多企业同时向员工发出通知，表示奥运期间可以移动办公，只需保质保量完成工作内容，符合考核标准即可。

网络会议刚进入中国市场的时候，由于技术研发投入大、应用条件苛刻、兼容性能差、软硬件要求高等诸多原因造成其价格一直居高不下。即使在今天，网络会议动辄一个端口上万的价格也不是一般企业可以承受的。因此，网络会议在大部分人的心目中是高不可攀的。很多企业对网络会议有迫切的需求，却因为没有充足的资金只好望而却步。

中国互联网络信息中心 2008 年 6 月 17 日发布了《2008 年中国网络视

□网络会议

频市场及网民视频消费行为研究报告》，数据显示，截至 2007 年 12 月底，我国使用网络视频的网民高达 1.6 亿，报告显示，我国网络视频行业的竞争激烈但前景良好，正朝着多样化、融合化的方向发展。

很多人以为网络会议是大公司的专利。中小型

□网络会议

企业(SME)员工少、业务量少，网络会议不仅没有必要，也用不起。

但是，我们的研究结论恰恰相反。中小企业在全球经济体系中最为活跃，增长也最快。在中国，2007 年中小企业在不断增长的 GDP 中所占比例还不到 50%，到 2009 年已经超过了 60%，区域性和全球性扩张是中小企业成长的主要动力。过去 20 年中，两项服务——通信服务和物流服务，极大地促进了企业在区域和全球的拓展能力。这两大服务是企业生产力的倍增器，扩大了中小企业的辐射范围和市场空间。

另一方面，网络会议的价格，从最简单的电话会议到更全面的网络会议，其实通常都是能够承受的。

具体到网络会议方面，业内人士也持乐观态度。刘昊瓴表示，中国的网络会议市场非常庞大，但需求尚未被满足，随着中小企业的发展壮大，网络会议的发展前景非常光明，目前各中小型企业在运营管理中，本部与千里之外的驻点机构总是通过各种固定报告和电话来进行沟通和解决问题。远程管理是每个企业的难点，有实力的企业用 OA 系统，但其操作成本与适应难度比较大，强行使用起来也容易流于形式。

同时 3G 网络的发展和应用扩大了传统视频会议业务的范围，丰富了应用模式，是视频会议发展过程中的里程碑。3G 网络拥有高速数据传输能力，能够同时处理声音、图像和视频流等多种媒体数据，为视频会议业务在

移动网络中的应用提供了基础和契机。

在视频会议运营中，软件视频会议由于拥有极高的性价比（出色的音视频效果和丰富的数据协作功能，易扩展，易维护），已经成为视频会议应用的主流。我们应十分重视 3G 网络的发展，并根据各自的产品、市场、技术研发实力和商业模式制定相应的战略，力求在保持原有业务市场增长的基础上，在 3G 时代获得新的机会，甚至借助 3G 完成自身的超越。

在未来，视频会议将走出办公室，在飞机场、咖啡厅、住宅或户外广场等场所被广泛应用，无线上网本和手机将成为视频会议新的应用平台，视频会议应用将更加随心所欲。

同时 3G 移动视频用户的培育是一个长期的过程，尽管我国拥有全世界最大的潜在用户群，但如何细分市场，如何进行业务开发和产品设计，如何将视频会议移植到手机平台，实现手机、桌面、会议室视频会议的整合互联，如何进行推广、引导用户并增强产品的"黏性"，如何提高产品的附加值、将分散的用户转变为集中统一的"市场"，这些都是视频会议运营在 3G 时代中面临的挑战，同时也是机遇。

📖 知识链接

网络会议的优势

部署方便。当前主流配置的 PC 一般都能够作为视频终端，这些 PC 安装好摄像头、耳麦及相关软件，通过局域网或者互联网接入到中心 MCU 服务器，即可参加会议。

可集成数据会议。基于 Windows 操作系统，可以在召开视频会议的同时实现电子白板、程序共享、文件传输等数据会议功能，作为会议的辅助工具。

成本低。由于 PC 已经是办公的标准配置，因此桌面会议终端不需要增加很多的硬件投入。而会议室型终端也只需要购买比较高性能的 PC 和视频采集卡即可，其成本也低于普通的硬件视频终端。

网站的制作

| 科普档案 | ●**名称:**网站制作　●**特点:**以用户体验为主、突出个性、简约实用、有明确的主题 |

网站制作是一个深入浅出的过程，是工程学的集中表现。网站制作中始终要把用户体验放在第一位，不仅仅注重外表的美观，还要突出个性，注重浏览者的综合感受。

网站制作需要将页面进行结构定位、合理布局、图片文字处理、程序设计、数据库设计等,是将网站设计师的图片用 HTM 方式展示出来,属于前台工程师的一项任务,前台工程师任务包括:网站设计、网站用户体验、网站 JAVA 效果、网站制作等工作。

学习制作网站需要投入一些时间和精力。

(1)决定主题。①确定自己网站的目标。决定方向后,根据主题内容罗列出主题所涵盖的分话题,并始终坚持这个主题。②优化网站。如果你想让你的网站有大的流量,就必须使网站在搜索引擎获得较高的排名。③良好的网页设计。网页设计对网站建设很重要。选择一个主题,根据这个主题来建立适当的网页的背景和图形。使用正确的字体和良好的导航是学习网页设计所必需的。④了解 HTML 代码。HTML 代码是任何网站的基石,每个HTML 代码都具有特定的意义,这些意义对网站制造者是非常有力的工具。

(2)放置正确图形。图形可以使网站更好看。如果你希望,可以自己制作,因为这并不难,只需正确使用照片编辑和动画工具。正确的图形还有助于网站的优化。

(3)选择域名。①制作网站需要选择合适的域名。网站的域名应与网站的主题相对应,一旦你选择了一个名字就赶紧注册,注册一个域名并不昂贵。②寻找服务器。你需要一台服务器存放你的网站,跟注册域名一样,服务器也不昂贵。域名注册成功后,到工信部网站进行域名备案,备案成功会得到一个备案号,这样域名就能绑定在申请的虚拟主机空间上,域名就可以正常访问网站了。

网络技术的发展带动了软件业的发展,所以用于制作 Web 页面的工具软件也越来越丰富。从最基本的 HTML 编辑器到现在

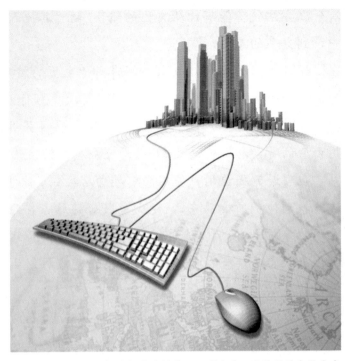

□网络技术的发展使制作Web页面的工具软件越来越丰富

非常流行的 Flash 互动网页制作工具,各种各样的 Web 页面制作工具应运而生。

构建一个网站就好比写一篇论文,首先要列出提纲,才能主题明确、层次清晰。网站建设初学者,最容易犯的错误就是:确定题材后立刻开始制作,没有进行合理规划。从而导致网站结构不清晰,目录庞杂混乱,板块编排混乱等。结果不但浏览者看得糊里糊涂,制作者自己在扩充和维护网站方面也相当困难。所以,我们在动手制作网页前,一定要考虑好栏目和板块的编排问题。

目前网络制作的参与者越来越多,有很多甚至是新手,对于新手尤其要注意很多事项:

应当有一个很清晰的网站介绍,告诉访问者网站能够提供些什么,以便访问者能找到想要的东西。但是,许多设计者都没有这样做。有效的导航条和搜索工具能使人们很容易找到有用的信息,这对访问者很重要。

专家忠告:"网站一旦发布,网站设计的优点和缺陷全都公布于世。没

有什么方法使你能够比从自己的错误、倾听其他人的建议和用户反馈意见中学到更多的东西。"

通过使用标识可以吸引访问者对你主页的特殊部分的注意，但这也让你的访问者头痛。如果你想使访问者再次光顾你的网站，就少用此方法。

背景颜色也会产生一些问题，可能会使网页难以阅读。你应当坚持使用白色的背景和黑色的文本，另外还应当坚持使用通用字体。

应当避免强迫用户使用向前和向后按钮。你的设计应当使用户能够很快地找到他们所要的东西，绝大多数好的站点在每一页同样的位置上都有相同的导航条，使浏览者能够从每一页上访问网站的任何部分。

专家忠告："坚持你的信念，严格遵守各种规则，避免想当然，绝不停止学习。"

不要轻易考虑在你的网站上放置一个醒目的点击计数器。你设计网站是为了给访问者提供服务，而不是推销你自己认为重要的东西。大多数浏览者认为计数器毫无意义，它们很容易被做假，浏览者也不想看广告。如果你想显示你的网站是多么受欢迎，你最好提供一个链接，显示访问日志。

与计数器一样，框架在网页上越来越流行。在大多数网站上，在屏幕的左边有一个框架。但是设计者立刻就发现，在使用框架时产生了许多的问题。使用框架时如果没有17英寸的显示屏几乎不可能显示整个网站。框架也使得网站内个人主页不能够成为书签。也许更重要的是，搜索引擎常常被框架混淆，从而不能列出你的网站。

在浏览器中即使去掉了图像功能，也要保证访问者能够在你的网站

□你的设计应当使用户能够很快找到他们所要的东西

上获得满意的效果。对于那些使用 ISDN 连接并且关掉了图像功能的访问者,还能获得好的网页加载性能。可以通过在网页底部提供另外的链接和使用替代文字,而不是图像来满足访问者的需要。

□网站建设

一些网站由于使用大量不重复的图像而错过了使用更好的技巧的机会。在创建商标时,在网页上多次使用同样的图像是一个好的方法,并且一旦它们被装入,以后重新载入就会很快。

不要使用横跨整个屏幕的图像。避免访问者向右滚动屏幕。占 75% 的屏幕宽度是一个好的建议。专家忠告:"避免使用炫耀的技巧。"

许多使用比较慢的计算机的访问者发现动画图标很容易耗尽系统资源,使网站的操作变得很困难,因此,应该给用户一个跳过使用 Flash 动画的选择。

尽量少使用 Flash 插件。虽然许多 Web 设计者认为 Flash 功能很强大,并且 Netscape5.0 将支持 Flash,在使用时不必再下载任何插件。但是,最好还是取消使用 Flash 做接口的想法。

如果不得不在网站上放置大的图像,就最好使用 Thumbnails 软件,把图像的缩小版本的预览效果显示出来,这样用户就不必浪费金钱和时间去下载他们根本不想看的大图像。

确保动画和内容有关联。它们应和网页浑然一体,而不是干巴巴的。动画并不只是 Macromedia Director 等制作的东西的简单堆积。

声音的运用也应警惕。内联声音是网页设计者的另一个禁地。因为过多地使用声音会使下载速度变慢,同时并没有带给浏览者多少好处。首次听到鼠标发出声音可能会很有趣,但是多次以后肯定会很烦人。使用声音前,应该仔细考虑声音将会给你带来什么。

在网页上应尽量少使用 Java 和 AxtiveX。因为并不是每一种浏览器都需要使用它,只有那些 Netscape 和 Explorer 的早期版本的使用者才需要它。另外 Mac 在处理 Java 时也存在问题,过分地使用 Java,会使 Mac 崩溃。

超级链接是网页的神经系统,它也是向导,把你从一个网页带到另一个网页,或者从网页的某一部分引导到另一部分。超级链接是用特殊的文本或图像来实现链接的,单击它就可以实现它的功能。

随着互联网日臻发达,网站制作的布局设计变得越来越重要。访问者不愿意再看到只注重内容的站点。虽然内容很重要,但只有当网站制作和网页内容成功接合时,这种网页或者说站点才是受人喜欢的。因为取任何一面你都无法留住太过"挑剔"的访问者。

知识链接

LOGO 知识介绍

翻开字典,我们可以找到这样的解释:"logo:名词,标识语"。在电脑领域而言,LOGO 是标志、徽标的意思。LOGO 是与其他网站链接以及让其他网站链接的标志和门户。一个好的 LOGO 往往会反映网站及制作者的某些信息,特别是对一个商业网站来说,我们可以从中基本了解到这个网站的类型,或者内容。目前只能用 PHOTOSHOP、FIREWORKS 等去制作。

网址导航

科普档案 ●名称:网址导航 ●特点:快速方便、按不同的方式分类、模式简单、竞争激烈

网址导航是一个集合较多网址,并按照一定条件进行分类的一种网址站。网址导航从诞生的那一刻起,就凭借其简单的模式和便利的服务以及好的用户体验深得民心,同时也是互联网网站中竞争最激烈的类别。

网址导航可谓是互联网最早的网站形式之一,像著名的 YAHOO、163 等,YAHOO 的页面还可以看到网址导航的身影。163 最早的名称是"网路大少爷丁磊之家",提供的也是网址导航式的服务。

目前网址导航分为几种:①综合性网址导航。这类网址导航是一个大众化的网址导航,收录的网址适合大多数网民使用。②行业网址导航。是一种按行业划分的网址导航,只收录与一个或多个行业相关的网址,适合从

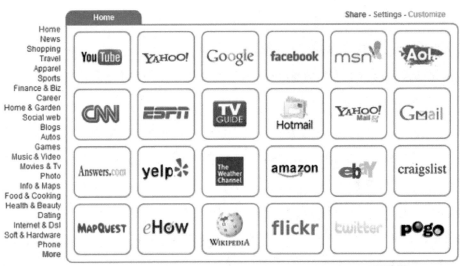

□可视化网址导航

事某一行业的人使用，也有按照国民经济行业分类目录划分的网址导航。③地方性网址导航。与行业网址导航不同的是这类网址导航不是按行业而是按区域划分的，较为详细地收录某一地方的网站网址。④个性网址导航。一种有个性创意或具有由用户灵活自定义功能的网址导航。⑤可视化网址导航。一种以图片和文字相互交替的网址导航，也是将来网址导航网站的趋势。⑥垂直化网址导航。某行业性的网站，例如金融类、财经类、购物类、高端用户类等。⑦科研学术网址导航。一种以知识产权、专利、学科、科研为一体，为研发人员打造的网站导航，也是网址导航的一个独特领域。

互联网界一直以来就把网址导航和低技术含量相挂钩，以至于大量同质化模仿者出现，而网址导航本身也由于网民使用互联网的增多，以及搜索引擎的强大功能而慢慢地被人们认为失去了历史舞台，随着hao123和265相继被百度和google收购的事实，越来越多的人认为网址导航有终难逾越的"瓶颈"，最终也不能免于被门户或搜索收录的命运。

网址导航本身也越来越受到服务单一、公正性缺失、同质化严重等一系列自身问题的困扰，存在内容空的栏目或页面、错误的链接或空链接、垃圾信息过多、太多的弹出窗口/弹出式链接、过于钟情于动画或小功能、过于花哨让用户无从浏览、强迫用户收藏或设为主页、完全的按照搜索引擎的规律来设计栏目和内容而失去网站的主题等问题。

所以网址导航在未来必须解决服务单一等问题，建立公正的行业形象，相比日益强大的搜索引擎，提供其无法提供的差别化服务，才能在未来摆脱目前的行业困境。

要想摆脱困境，需要先了解国内状况。中国有13亿多人口，网民只有1/10左右，1616、惠集网、hao123等网站在做网址导航，他们的访问量都很大，随着新网民不断地涌入，形成了规模可观的初级网民市场，由于他们刚接触电脑，几乎不会用键盘，打字速度很慢，所以特别需要一个只用鼠标点点就能浏览的网站。网址导航凭借着方便实用，合理分类，内容大而全，简洁广告少等特点，在几年前就已受欢迎，在未来依然会有市场。网址导航的"草根"网民相对多，同样访问量的网址导航网站与其他网站相比，广告收

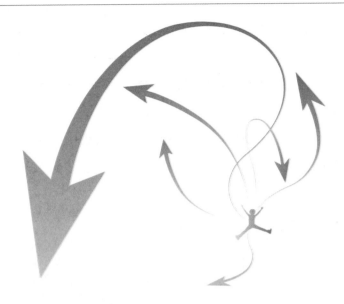

□随着互联网的发展，网址导航站也由综合逐渐演变为分类精细专业的领域导航站

入要多一些。因为草根对广告与内容分辨不清,容易接触新事物,所以网址导航网站的广告价值很高。这个好比学校,在送走了毕业生后又迎来了新生,培育学生是最赚钱的一个环节。有了很好的收入,便可以利用部分资金,购买推广服务,继续扩大网站的用户。

开发网址导航也可以在收录新站上下功夫。大家都知道,链接对网站排名起了决定性作用,因为你想要网址导航收录,就要加对方的链接,这样导致了网址导航会有大量外链,从而在相关搜索中得到比较好的位置。被收录网站的链接也会对网址导航带来很多流量,如果1000个被收录网站每天每个站点过来10个IP,就会有10000个新IP到达这里。

网址导航还可以跟搜狐一样搞网站矩阵,通常站长手下不止一个网站,会有两个,或者更多,当这些网址导航将你的其他网站建立矩阵,流量便总是在一个圈内转,保证了用户不流失。因为网址导航不需要购买版权,也不需要像电影、音乐等耗费大量带宽的服务器,平时只需要添加和审核一些网站即可,维护成本相当低廉。

搜索引擎的快速发展,和对网址导航的排斥性,加之已经成功的网址导航拥有成熟的发展策略、雄厚的推广资金,所以新起步的网址导航很难抢占市场,因此不要盲目跟风制作此类网站。

　　随着互联网的发展,网址导航站也在逐渐演变,导航站也由综合逐渐演变为分类精细专业的领域导航站。其分类体系相对于传统的综合网址导航站来说,做出了一定的调整,即很好地实现了网站的地区定位这一属性与内容属性的结合,更方便某一类用户,帮助他们更深入地了解本行业知识,提升自己的能力。

📖 知识链接

优秀网址导航的标准

　　网页设计规范、简洁、美观,网站稳定,访问速度快;收录的网址经过精心挑选,只收录优秀的网址,覆盖面广,以方便各个层次需要的用户使用;收录的网址不得有反动、色情、赌博等不良内容或提供不良内容链接的网站;网站本身不得含有病毒、木马,弹出插件或恶意更改他人电脑设置;网页设计适应互联网发展的需要,尤其是移动互联网,手机上网人群的不断增多对于网址导航的要求更高。